KB172417

Reading into Mountains and Waters of Korea
by Choi, Won Suk
Published by Hangilsa Publishing Co., Ltd., Korea, 2015

산가 최원석 교수의

# 산천독법

나는 오늘도 산을 만나러 간다

한길사

산가 최원석 교수의
# 산천독법
나는 오늘도 산을 만나러 간다

**지은이** 최원석
**펴낸이** 김언호

**펴낸곳** (주)도서출판 한길사
**등록** 1976년 12월 24일 제74호
**주소** 10881 경기도 파주시 광인사길 37
**홈페이지** www.hangilsa.co.kr
**전자우편** hangilsa@hangilsa.co.kr
**전화** 031-955-2000~3 **팩스** 031-955-2005

**부사장** 박관순 **총괄이사** 김서영 **관리이사** 곽명호
**영업이사** 이경호 **경영담당이사** 김관영
**편집** 백은숙 노유연 김광연 민현주 이경진
**마케팅** 양아람 **관리** 이중환 김선희 문주상 이희문 원선아
**디자인** 창포 031-955-9933 **출력 및 인쇄** 예림인쇄 **제본** 대흥제책

제1판 제1쇄 2015년 8월 28일
제1판 제2쇄 2017년 10월 30일

값 18,000원
ISBN 978-89-356-7112-0 03980

• 잘못 만들어진 책은 구입하신 서점에서 바꿔드립니다.

• 이 도서의 국립중앙도서관 출판시도서목록(CIP)은 서지정보유통지원시스템 홈페이지(seoji.nl.go.kr)와 국가자료공동목록시스템(www.nl.go.kr/kolisnet)에서 이용하실 수 있습니다.
(CIP제어번호: CIP2015022049)

푸른 산 바라보고 맑은 계곡 따라 걷다 보면
우리네 심성은 저절로 본래의 자리로 돌아가 어질어진다.
누가 치료해주는 것이 아니라 스스로 치유하는 것이다.
거기엔 언제나 우리 산천이 있다.

# 산으로 돌아가는 사람들

책머리에

## 산은 생명의 뿌리요 큰 몸

우리는 산으로 돌아가는 사람들이다. 살아서도 산으로 가고 죽어서도 산으로 간다. 왜 한국 사람들은 유달리 산을 좋아할까?

주말만 되면 너 나 할 것 없이 산을 찾아 나선다. 그저 산이 좋아서 가는 사람, 건강을 지키려 산행하는 사람, 산야초를 찾으러 가는 사람. 목적과 이유는 가지각색이지만 발걸음은 모두 산으로 향한다. 우리의 몸에 산천유전자가 있고 그것이 발동하여 신호를 보내 주체하지 못하기 때문이라고 하면 지나친 상상일까? 어머니, 아버지, 할머니, 할아버지… 내 생명의 뿌리들이 산에 묻혀 산이 되었으니, 내 몸의 DNA도 간접적인 영향을 받지 않았을까? 우리에게 산은 몸에 유전적으로 내장된 생명의 뿌리다. 큰 몸이다.

산에 대한 문화와 사유는 한국·중국·일본이 대체로 비슷하지만, 깊이 들어가 보면 나라마다 특색이 있고 코드도 다르다. 사람과 공간의 관계를 살펴보면, 중국이 강이라면 한국은 산이다. 중국 사람들은 황하를 '어머니강'이라고 한다. 한국 사람들은 지리산을 '어머니산'이라고 한다. 중국 문명이 강에서 꽃피웠다면, 한국 문명은 산에서 형성되었다.

풍수 성향도 그렇다. 중국 풍수의 키워드가 물이라면, 한국 풍수의 키워드는 산이다. 물을 어떻게 얻을 것인지 따지는 것이 중국 풍수라면, 어떤 산을 선택할지 먼저 살피는 것이 한국 풍수다. 그래서 한국에는 산과 사람이 오래 주고받은 관계의 문화사로서 '산의 인문학'이 가능했다.

일본과는 어떻게 비교할 수 있을까. 일본 사람에게 산이 신화의 현장이라면, 우리에게 산은 설화의 현장이다. 그들에게 산은 숭엄하고 두려운 존재다. 지리적으로 보아도 일본의 산은 미궁으로 들어가듯 산골짜기가 깊어지고, 공간적으로 산이 삶터와 격절되어 있는 곳이 대부분이다. 때문에 일본의 산은 하늘에 이를 듯 가파르게 솟아 있거나, 곧 터질 듯 연기를 뿜는 화산 이미지로 다가온다. 그곳은 사람이 범접하지 못하는 신의 영역으로서 신화가 서려 있다.

그러나 우리나라 산에는 사람의 이야기가 도란도란 담긴다. 어디나 있는 옥녀봉 설화도 그렇고, 인자한 산신할머니도 그렇다. 한국의 산신은 사람인 듯 신인 듯, 사람이기도 하고 신이기도 하다. 신화라기보다는 설화의 범주에 속한다. 같은 불교문화의 영향을 받았지만, 일본의 다테야마立山에는 불지옥이 있고, 한국의 연화산에는 극락정토가 있다.

그렇다면 한국에서 산이 없는 평야 지대나 도서 지역은 어떨까. 그곳에서 산의 의미는 무엇일까. 평야지대 사람들은 작은 둔덕이나 구릉도 무척 소중하게 생각한다. 나지막한 언덕도 아주 큰 산처럼 여긴다. 산이 없으면 이름이라도 붙인다. 실제로 경남 함안의 넓은 들에는 대산리代山里 또는 대산리大山里라는 마을 이름을 붙였다. 지명으로 산을 대신하거나, 큰 산으로 상징화하는 의미가 담겨 있다.

섬 지역은 또 어떤가. 조선시대에 이중환1690~1752은 『택리지』에서 섬을 해산海山이라고 했다. 바다에 떠 있는 산이다. 섬島이라는 글자에는 산山이 들어앉아 있다. 섬 지역 사람들은 육지에서 산줄기가 이어져 섬이 되었다고 인식했다. 마음속에서라도 어떻게든 산과 연결하고, 부족한 산을 채워야 했던 것이다. 산 코드의 현상학이다.

## 어진 이는 산을 즐기니

요즘은 등산할 때 예전처럼 정상에 오르는 것을 목표로 한 산행 패턴은 좀 줄어들었다. 그 대신 둘레길처럼 여유롭게 산길 걷기가 유행이다. 산을 생각하고 대하는 태도도 많이 바뀌었다. 조선시대 유학자들의 유산遊山 전통을 닮았다. 우리 선조들은 금강산, 지리산, 청량산, 삼각산 등 명산 유람을 좋아했다. 공자가 말한 것처럼 어진 이仁者는 산을 즐거이 하기樂山 때문이다. '산처럼' 되고자 하는 것이다.

퇴계 이황에게 산은 책이었다. 산을 좋아하는 그가 산에 가는 것은 책을 읽는 것과 마찬가지였다. 남명 조식에게 지리산은 자신이 도달해야 할 표상이었다. 남명은 지리산 천왕봉 아래 거처를 정하고 목숨을 다할 때까지 살면서, 거대한 지리산처럼 하늘이 울어도 울지 않는天鳴猶不鳴 사람이 되고자 했다. 진정한 지리산인이었던 것이다.

산가山家의 전통을 되돌아보자. 겨레의 시조 단군에서부터 화랑의 후예와 최치원 등 선도仙道의 무리들, 불가 산승들, 유가의 산림처사들 모두 산가에 속한다. 그래서 퇴계는 스스로를 청량산인이라고 이름 했고, 송시열, 송준길 등은 산당山黨이라고 했다. 산의 아들로 자처했던 고산자古山子 김정호도 빼 놓을 수 없다.

일본의 엔노교자役行者, 634~701는 일본 산가의 으뜸이라고 할 만하다. 그가 창시한 슈겐도受驗道라는 일본의 산악수행 전통은 지금까지도 면면히 이어진다. 도겐道元, 1200~1253이 쓴 『산수경』山水經도 선불교 사상의 실상實相이 산수로 표현된 독특한 불교경전이다. 중국의 『산해경』山海經은 고대의 산악문화와 신화, 상징의 원형이 집약된 동아시아 산수문학의 고전이다. 동아시아 풍수문화도 산가의 큰 흐름을 이어 오고 있다. 산서山書라고도 부르는 풍수경전으로 『명산론』 『감룡경』 등 수많은 산 논서가 있다. 그 밖에도 무궁무진한 탐색거리가 있다.

알다시피 옛 선현들은 고전의 독법에 대한 많은 글을 남겼다. 『논어』 『맹자』 『중용』 『대학』의 사서독법은 그 대표적인 것이다. 성인이 말씀하신 깊은 뜻을 올바로 알고 해석하기 위함이었다. 산천의 독법도 적잖이 있었다. 일찍이 중국의 소동파1037~1101는 "냇물 소리는 장광설이요溪聲便是長廣舌 산빛은 청정신이라山色豈非淸淨身" 하고 깨달은 후, "밤새 들은 그 팔만사천의 소식을夜來八萬四千偈 뒷날 어떻게 사람들에게 전할까他日如何擧似人" 하고 설파하지 않았던가? 조선 후기만 하더라도 김정호는 『대동여지도』로 우리 산천의 체계를 보여줬고, 신경준1712~1781은 『산수고』山水考로 우리 산천의 계보와 역사지리를 일목요연하게 제시했다.

우리 산천의 독법은 우리에게 산천은 무엇인지에 대한 물음에서 비롯된다. 우리에게 산천은 무엇인가? “세월은 흘러가도 산천은 안다.” 시간은 흘러가버려 허망하기 짝이 없다. 공간은 무색으로 텅 비어 있어 무정하다. 그러나 산천은 핏줄처럼 흐르고 있는 그 무엇이다. 모두가 차곡차곡 저장되는 그 무엇이다. 그래서 나는 산천을 거대한 메모리라고 생각한다. 역사도, 조상도, 자연생태도 모두 담겨 있고 또 앞으로 담길 그 무엇이다. 그 메모리의 일부로 나와서 살다가 다시 육신과 얼이 저장되는, 거대한 생명 줄기에 접속해 있는 것이 우리가 아닐까?

산의 보장寶藏, 산천메모리다. 그래서 우리는 산으로 돌아갔나 보다. 그렇게 산을 만났나 보다.

이인문,「단발령망금강」(斷髮嶺望金剛).
외금강에서부터 금강산 유람을 시작해 단발령에 오르면,
내금강으로 들어가는 놀라운 광경이 펼쳐진다. 그 산에 있되, 새로운 산을 만난다.
화폭 오른쪽 아래 단발령에 선 유산객들의 마음이 느껴진다.

© 개인소장

산가 최원석 교수의

# 산천독법

**나는 오늘도 산을 만나러 간다**

## 3 용인 듯 봉황인 듯 산에 숨은 동물과 식물



## 4 무궁무진한 이야기들 산으로 빚은 생각



## 5 역사를 품에 안다 산과 사람들

1

# 삶의 한가운데서

## 산을 바라보다

지금이라도 내가 사는 곳 주위에
주산이 어디 있는지 찾아보자.
산에서 비롯되는 생명의 꼭지를
잠그고 살고 있지나 않은지 점검해볼 일이다.
부모와 가족이 가장 소중하듯,
특별할 것 없지만
더불어 살아가는 앞산·뒷산이
내겐 가장 큰 산이다.

# 주산, 공간디자인의 중심

## 여러 산 가운데 주인이 되는 산

서양과 동양은 지형도 다르고 역사적으로 산과 사람의 관계 또한 달랐기 때문에 산에 대한 학문적 전통도 차이가 났다. 서양인에게 산이 자연생태의 산이라면, 동양인에게 산은 역사문화의 산이다. 이런 배경에서 발달했던 구미의 자연지리학과 동아시아의 풍수지리학은 각각 산에 대한 시선과 논리도 크게 다르다.

근대 이후 서구의 학문적 방법론이 밀물처럼 들어오면서 동식물, 자연자원, 지질지형 등 한국의 산에 관한 연구는 눈부신 성과를 거두었다. 하지만 문화, 역사, 인문학 등 전통적인 산에 대한 연구성과는 제대로 계승하지 못하고 사회적인 이해도 정체되어 있는 실정이다. 우리 산에 대한 가장 기본적인 용어나 개념조차 생소하게 되어버린 것이다. '주산'이라는 낱말도 그중 하나다. 한국에서 산과 사람의 어울림으로 빚어낸 공간디자인의 중심에는 늘 주산이 있었다.

주산主山은 객산客山에 상대되는 말이다. 주인에게는 손님이 있어야 하듯 주산은 객산을 마주해야 한다는 인식이 전제되어 있다. 수평적 시선이다. 주산은 터를 펼치고 있는 뒷산이고, 객산은 맞은

주산의 품에 안긴 마을의 정겨운 모습(경남 거창군 마리면 말흘리).
주산이 둥지처럼 마을을 에워싸고 있다.

편 너머에 주산과 대응하는 앞산이다. 한양에서 경복궁의 주산은 북악이고, 창덕궁과 종묘의 주산은 응봉이다. 객산은 관악산이다.

고을과 마을에도, 집이나 묘에도 모두 주산이 있다. 또 주산은 조산祖山과 대응되는 말이다. 할아버지가 있기에 내가 존재하듯이, 할아비산조산이 있어야 주산이 있다는 것이다. 산을 계통으로 보는 종적 시선이다. 한반도의 시조산祖宗山은 백두산이고, 그 아래에 수도·고을·마을 등 모든 공간단위마다 조산이 있으며, 그 줄기 끝에 주산이 있다.

이렇듯 우리에게 전래되어온 산에 대한 인식에는 중요한 특징이 있다. 인간사와 인간관계를 산에 투영시켜서 해석하는 방식이다. 그래서 산을 보는 순서가 있다. 먼저 할아버지와 나의 관계처럼 조산과 주산으로 이어지는 산줄기의 흐름을 본다. 그다음으로는 주인과 손님의 관계처럼 주산과 객산을 짝짓고, 둘의 관계에 비추어 크기·거리 등의 비례를 평가한다. 예컨대 주산보다 객산이 높거나 크면 손님이 주인을 넘보니 좋지 않다는 식으로 해석한다. 실제로 집의 앞산이 너무 크거나 높으면 삶터에서 일조량이 적어 불리한데, 이 점을 주인과 손님으로 은유하여 표현한 것이다.

배산임수背山臨水라는 귀에 익은 말이 단어가 있다. 산을 등지고 개울을 끼고 있는 한국의 전통적인 취락입지를 한마디로 표현한 말이다. 그 등진 산배산이 주산이다. 사실 배산임수는 한국적인 특징이다.

중국이나 일본만 해도 산이 없는 평지에 취락이 있거나, 산이 있어도 취락은 멀찍이 산과 떨어져서 자리 잡은 경우가 흔하다. 유럽에는 산은 있어도 물이 없거나, 물은 있으나 산이 없는 지형도 많다. 산 있으면 물 흐르는 산수의 짝 관계가 동아시아, 특히 한국처럼 자연지형 조건으로 형성되지 않는 것이다. 그래서 '산수'山水라고 한 단어로 형성된 말이 서양에는 없다.

중국과 한국은 산수, 산천, 강산, 산하 등의 일반명사로 표현되어 산과 물은 한 몸으로 조합될 수 있었다. 산이 있으면 물이 그림자처럼 따르는 것이다. 그래서 풍수에서는 산수를 음양 또는 부부 관계로도 곧잘 비유한다. 산이 남편이면, 수는 아내인 것이다.

## 주산이 삶터의 모습을 결정한다

조선 왕실에서 주산을 정하는 것은 중요한 문제였다. 1457년에 세조가 맏아들 의경세자덕종의 묘를 쓸 터를 정할 때였다. 세조가 주산이 묏자리의 바로 뒷산인지 아니면 더 뒤에 있는 높고 큰 산인지를 신하들에게 물으면서 조정에서는 주산 논쟁이 붙었다. 주산이 가장 중요하니만큼 정확히 어느 산을 가리키는지 알아야 했기 때문이다.

세조의 아버지 세종 때 조정을 떠들썩하게 하며 9년을 끌었던 한양 왕도의 주산 논쟁도 일대 사건이었다. 한양의 주산은 응봉鷹峯, 236m이 되어야 하는데 백악북악, 342m으로 잘못 정했다는 풍수학 관리 최양선의 주장이 발단이었다. 조정의 대신들은 가타부타 들끓었고, 세종은 직접 북악에 올라 현지답사까지 하면서 지형을 상세히 살핀 후, 결국 북악이 주산이라는 최종 결정을 내리기도 했다.

일찍이 조선 초 한양 천도 당시에 하륜의 무악안산 주산론이 있었고, 야사이지만 무학대사의 인왕산 주산론도 전한다. 그때 만약 주산을 달리 정했다면 한성의 공간구조는 전면적으로 달라졌을 테고, 지금의 서울 모습과는 딴판이었을 것이다. 이처럼 주산이 중요한 이유는 공간디자인을 결정짓는 기준점이자 방향축이기 때문이다.

마을의 주산론은 실학자 이중환이 『택리지』1751에서 본격적으로 제기했다. 살기 좋은 마을을 선택할 때 어떤 주산이 좋은지를 논한 것이다. 이 논의는 조선시대의 주산 인식을 대표적으로 반영하고 있다. 당시 주거지 선택은 나와 가족뿐만 아니라 자손대대로 이어갈 삶터를 정하는 것이기에 매우 중요하게 여겼다.

주거지를 정할 때는 지리적 조건을 가장 우선시했으며, 그중에서도 먼저 주산을 염두에 두었다. 주산이 갖춰야 할 조건은 "모양은 수려하고, 단정하며, 청명하고, 아담한 것이 제일 좋다." 미학적

경복궁 근정전 뒤로 보이는 북악. 한양에서 경복궁의 주산은 북악산이다. 북악(주산)·남산(안산)·관악산(객산) 세 산을 기준으로 경복궁 공간구조의 축선이 결정되었다. 건물을 배치하고 방향을 결정할 때 주산의 영향은 절대적이었다.

인 아름다움수려, 가시적으로 안정된 경관단정, 채광과 토질의 자연조건청명 그리고 휴먼스케일의 규모아담를 지적한 것이다. 주산의 모양이 보기 흉하거나, 기우뚱하여 균형을 이루지 못하거나, 빛이 들지 않고 습하여 어둡거나, 터의 규모에 비해 너무 크거나 작아도 좋지 못하다는 것이다.

주산 개념은 풍수사상의 다양한 해석이 보태지면서 점점 더 구체적이고 다채롭게 발전했다. 풍수에서 주산은 북 현무에 해당하는 산이다. 주산의 형태와 규모에 따라, 마주하는 객산주작과 좌우의 산청룡·백호에 대한 비례가 제대로 갖춰져 있는지도 따졌다. 조산에서 주산까지, 주산에서 삶터에 이르는 주맥의 산줄기가 실한 지도 눈여겨보았다. 주산에 소나무를 심어 사계절 늘 푸르게 가꾸었고, 주맥이 약하면 흙으로 돋우었으며, 가릴 것이 있으면 숲으로 가렸고, 보완해야 할 것이 있으면 보탰다.

주산에 대한 상징과 은유도 다양하게 생겨났다. 사람, 동물, 식물 등의 형태로 주산의 모양새형국를 비유했던 것이다. 마치 사람의 얼굴 이미지나 외모의 인상처럼, 마을 주산의 형국은 국지적인 마을환경을 종합적으로 상징하는 의미를 지닌다.

예를 들면 전북 남원시 운봉읍 신기리 주민들은 마을 앞 봉우리 이름을 초봉소꼴이라 부른다. 마을의 주산이 소가 누워 있는 형국이기 때문이다. 전국 어디에나 마을 주산이 소 형국이면 구유, 소꼴 등을 상징하는 대응경관이 마을숲의 형태로 만들어졌다.

남원시 송동면 송내리의 주민들은 마을의 주산을 여자가 다리를 벌리고 누워 있는 모습으로 이해했다. 그런데 주산을 마주보고 길쭉하게 생긴 언덕이 있었다. 주민들은 이를 남근의 형상주민은 소좆날이라 부른다으로 이해하고, 마을에 문란한 바람이 불어 닥칠 것이라 하여 그 둔덕이 보이지 않게 숲을 조성해 가리고, 마주보는 정가운데에 비석을 세워 기운을 막았다.

주민들은 풍수 형국이라는 코드를 이렇게 해석하여 주산과 네트워크 관계를 맺었다.

## 삶을 보듬는 산, 산을 보듬는 사람들

이렇게 우리는 주산을 선택하여 만났다. 주산과 만나서 연애하고 살 섞고 자식 낳아 오순도순 함께 산 것이다. 그 주산은 생활 속

『해동지도』 마전군 부분. 경기도 마전 고을의 읍치 뒤로 주산이 뚜렷하다. 주산은 조산(祖山)으로 이어져 전통공간의 기본적인 산줄기 체계를 형성한다.

의 산이었지 유람할 명산이 아니었다. 그래서 대부분의 주산은 이름도 없는 산이다. 이름이 없으니 지도에 오를 리도 만무하다. 주민들에게 산 이름을 물어보면 그저 마을 뒷산이라고 한다. 나지막한 삶의 터전이다.

신경림 시인은 낮은 산의 미학을 이렇게 애정 어린 시선으로 읊었다. "크고 높은 산 아래 시시덕거리며 웃으며 나지막이 엎드려 있고, 험하고 가파른 산자락에서 슬그머니 빠져 동네까지 내려와 부러운 듯 사람 사는 꼴을 구경하고 섰다. 그래서 낮은 산은 내 이웃이던 간난이네 안방 왕골자리처럼 때에 절고 그 누더기 이불처럼 지린내가 배지만…… 칡덩굴처럼 머루덩굴처럼 감기고 어우러지는 사람 사는 재미는 낮은 산만이 안다." 사람 냄새 밴 그 낮은 산이 바로 주산이다.

마을 주거지가 주산을 등지고 있으면 실제적으로도 여러 이익이 있다. 경제적으로 산림자원을 활용할 수 있고 농사짓는 데에도 유리하다. 연료와 건축재뿐만 아니라 물과 먹을거리를 얻기도 쉽다. 자연적으로도 뒷산은 겨울철의 매서운 북서계절풍을 막아준다. 지면의 복사열로 온열효과도 있어 주거공간이 따뜻하고, 비가 내리면 배수에도 용이하여 토질이 습하지 않다. 산골짜기라면 외침에 의한 전란이나 사회적인 난리를 피하기에도 안성맞춤이었다. 그래서 주민들은 마을에서 등질 산이 없으면 숲이라도 만들어 주산을 대신했다.

이런 보배로운 주산은 마을공동체 차원에서 온전히 보전해야 했기에 주민들은 각별히 노력을 기울였다. 경북 예천 용문면에 금당실이라는 마을이 있다. 마을 주산은 오미봉이다. 이 산에 무덤을 쓰면 큰 부자가 된다는 말이 예부터 전해 내려오지만, 개인이 묘를 쓰기만 하면 마을에 가뭄이 들어 모두가 두려워했다. 사욕에 눈멀어 주산을 함부로 이용하지 못하게 하는 공동체 금기설화의 일종이다. 이렇듯 주산은 마을의 공유자산이었다. 개인적인 용도로 사용하거나 혼자 차지하지 못하는 공유지였다.

주산에 대한 보전장치는 또 있었다. 산제당당산이라는 신앙소를 주산에 둔 것이다. 새해 초 산제당에 함께 모여 제사를 모시면서 주산에 대한 소중함을 집단적으로 일깨운다. 이제 주산의 가치는 주민 전체의 공유지식common knowledge이 되어 개개인의 의식과 행위까지 상호 규정하게 되었다. 이렇게 우리네 사람과 산 그 관계의 중심에는, 주산보다 더 크게 주산이 자리 잡고 있었다.

# 진산, 산과 사람이 함께 진화한다

## 삶터를 지켜주는 산

지역주민이라면 누구나 알고 소중히 여겼던 산인데 요즘엔 까마득히 잊힌 산이 있다. 진산鎭山이다. 진산은 한 지방을 대표하는 산이다. 오늘날 행정단위로 시·군邑마다 하나씩 지정되어 있었던 산이다. 지방 고을과 지역주민의 랜드마크 산인 셈이다. 조선 중기를 기준으로 전국의 331개 고을에 255개의 진산이 있었다. 내가 사는 곳에 진산이 있었다면 어느 산인지, 어떤 사연을 가진 산인지, 지금 제대로 남아 있기나 한지 궁금하지 않을 수 없다.

진산은 말 그대로 지키는 산이란 뜻이다. 지역과 삶터를 지키고 보호해주는 산이다. 군사적인 방어 요새고 경제적인 생활 터전이었기 때문이다. 나라를 지키는 산은 나라의 진산이고, 지방을 지키는 산은 지방의 진산이다. 진산에는 지역주민들의 믿음과 신앙이 깃들어 있다. 그래서 소중히 보전되고 섬김을 받았다. 진산은 우리 산의 문화사, 산의 인간화 여정에서 핵심 키워드다.

조선시대 전국의 진산은 김정호의 『대동여지도』에 모두 표기되어 있다. 김정호의 호가 고산자古山子인 것만 보아도 그는 산의 DNA를 타고난 사람이 분명한 것 같다. 산의 아들, 산가山家인 것이다. 그의 시선으로 제작한 『대동여지도』는 산천 지도라는 정체성이 뚜렷하다. 한반도의 산줄기와 물줄기 체계를 지도학적으로 완성한 위대한 성과다. 우리 몸의 경락 체계를 한의학적으로 도면화한 것과 같다.

산의 눈으로 『대동여지도』를 보면 한반도가 큰 나무와 가지로 보인다. 뿌리는 백두산이고 등줄기는 백두대간이다. 줄기마다 큰 가지가 뻗어 있다. 그 가지가 13개 정맥이다. 가지마다 다시 잔가지가 나 있고 잔가지 꼭지마다 열매가 달려 있다. 그 열매가 330여 개의 고을이고, 꼭지가 바로 진산이다. 포도송이로 비유해 생각하면 이해하기 쉽다. 포도 알알이가 고을이라면 그것을 물고 있는 꼭지들이 진산이다. 이것이 김정호가 그린 우리 산줄기와 진산, 그리고 여기에 접속된 삶터의 종합적인 이미지다.

『대동여지도』에 재현된 산천멘털리티는 오늘날 환경생태담론에 비추어서도 시사적이고 의미가 깊다. 산에서 근원해서, 산줄기를 통해 사람들의 삶터로 이어지는 생명줄 인식구조다. 거기서 산은 자연과 사람을 이어주는 연결망이요 연결고리다. 산줄기는 나무의 가지처럼 생명을 유지할 수 있게 물질에너지가 순환하는 통로다. 진산이라는 꼭지는 열매를 굳건히 지켜주고 실하게 클 수 있게 지탱해주는 힘이다. 이러한 사유에는 전통적인 풍수사상도 뒷받침되어 있다. 산에서 생기가 형성되어 산줄기를 통해서 흐르다가 주산 아래의 명당으로 이어진다고 하는 풍수의 핵심 논리다.

원래 '진산'은 중국에서 생겨난 용어다. 중국에는 큰 도읍의 특정 지역에만 진산이 지정되었다. 산의 규모도 대부분 크고 기이하며 주거지와 멀리 떨어져 있었다. 오악인 태산[동악], 화산[서악], 항산[북악], 형산[남악], 숭산[중악]도 나라의 진산이다. 그런데 중국의 진산이 한반도에 수용되어 토착화되면서 점차 모습이 달라졌다.

신라는 중요한 산을 네 군데 골라 진[鎭]이라 부르고 제사지냈다. 고려 왕실에서는 송악산, 조선 왕실에서는 삼각산을 왕도의 진산으로 삼고 소나무도 가꾸며 훼손되지 않게 관리했다. 조선 중기에서 후기로 가면서 전국 대부분의 지방 고을마다 하나씩 진산을 지정하였다. 나지막한 언덕도 진산으로 삼았고 주거지와도 가까이 두었다. 전주의 건지산[99m], 경주의 낭산[100m], 청주의 우암산[304m], 인천[부평]의 계양산[395m], 춘천의 봉의산[301m] 등이 진산이다.

왜 한국의 진산은 중국의 진산과 차이가 날까? 우리의 지형 조건이 중국과 달랐기 때문이다. 중국은 산이 없는 평원 지역도 많다. 그러나 우리는 어느 고을이나 진산으로 지정할 수 있는 산이 있었다. 산이 삶터를 지켜준다는 지역주민들의 뿌리 깊은 믿음도 지방마다 진산을 지정하는 배경이 되었다. 정치적인 이유도 있다. 진산의 지방화는 조선 왕조가 강력한 중앙집권체제를 구축하는 과정에서 이루어진 경관정치학의 산물이기도 하다. 국도[한양]의 진산[삼각산]과 도성이라는 공간모델을 전국의 고을에 똑같이 적용시켜, 진산이 고을 원님의 군주인 나랏님을 상징하는 표상이 되도록 심리적인 장치를 의도한 것이다. 게다가 주산의 지맥이 삶터까지 연결되어야 한다는 풍수사상도 크게 작용했다.

한편 일본은 어땠을까? 진산 개념을 일본이 수용하지는 않았던 것 같다. 오악도 일본에서는 찾기 어렵다.

위 | 『해동지도』의 계양산(인천시 계양구 계산동).
부평도호부의 진산이다. 계양산 아래에는
부평관아와 객사가 표기되어 있다.
서쪽으로는 사직단과 향교도 그려졌다.

아래 | 최학윤, 「인천 계양산 풍경」.

진산은 지역과 주민들에게 가장 대표적인 산이 되었다. 소중히 관리해야 할 산지경관이었다. 훼손되지 않게 보전하고 가꾸고자 노력을 기울였다. 사람은 산을 만나고, 산은 사람을 만나서 관계가 맺어진 것이다. 이처럼 인류와 자연, 그 관계의 문명사에서 진화는 산과 사람 사이에서도 이루어졌다. 한반도는 그 대표적 현장의 한 곳이었다.

그런데 진산을 둘러싸고 산과 사람의 공진화共進化, coevolution 여정에 중요한 전환점이 일어났다. 진산이 주산으로 진화한 것이다. 진산이라는 상징적인 역할이 주산이라는 실질적인 기능으로 바뀐 것이다. 조선 후기의 일이었다. 이렇게 된 데에는 사회적으로 유행했던 풍수도 큰 영향을 미쳤다. 주산主山이란 말은 진산과 비교할 때 용어의 위상부터 다르다. 진산은 지키는 산으로서 대외적이고 간접적이다. 고을에서 멀찍이 떨어져 솟아 있고 생활사에 미치는 영향보다는 군사적이거나 상징적인 의미가 강하다. 상대적으로 주산은 사람과의 관계에서 주체가 되는 산으로 대내적이고 직접적이다. 바로 고을 뒷산으로서 주거지와 가까이 있고 주민들의 실생활과도 밀착해 있다. 진산에서 주산으로 발전한 것이 산과 사람의 공진화라는 구체적 근거는 다음과 같다.

### 진산이 주산으로 진화하다

진산은 삶터와 실제적으로 연결되었다. 처음에는 삶터와 뚝 떨어져 있는 진산도 여럿 있었다. 울산의 진산인 무리룡산현 무룡산이 그렇다. 태화강 너머에 고을 밖으로 10km 거리에 두고 마주해 있

진주의 대나무숲. 남강의 촉석루 맞은편에 있다.
진산인 비봉산의 봉황이 죽실을 먹고 산다고 해서 조성한 것이다.
이 숲은 경제적인 용도로도 활용됐고 풍치림의 기능도 했다.

었다. 삶터와 연결된 꼭지가 아닌 것이다. 그런 진산은 새로 주산으로 바꾸어 지정됐다. 함안이 그랬다. 옛 진산은 여항산745m이었다. 그런데 고을의 주거공간과 멀리 떨어져 있어서, 고을 관아의 뒷산인 비봉산을 새로운 진산으로 삼았다. 상징적 랜드마크인 진산에서 실질적 꼭지인 주산으로 바꾼 것이다. 주민과 진산의 관계가 더 구체적이고 실제적으로 진화된 것이다.

더 나아가 진산은 삶터와 긴밀히 연결되었다. 진산의 위치와 규모, 방향과 짜임새에 맞추어 공공건축과 주거공간이 배치·구성되었다. 서울의 백악북악과 경복궁이 그랬고, 지방의 진산과 관아가 그랬다. 공간조직의 편성마저 진산과 더불어 체계적이고 통합적으로 이루어진 것이다.

진산과 지역주민이 함께 진화해가는 여정은 여기에서 그치지 않았다. 진산과 상응하는 경관이미지를 보완하기 시작했다. 전국에 수많은 사례가 있다. 진산이 비봉산飛鳳山이면 봉황의 알조산을 만들었다. 누각의 이름도 봉서루鳳棲樓라고 해 봉황이 깃들게 했다. 대롱사大籠寺 · 소롱사小籠寺라는 새장籠으로 봉황새를 가두려는 비보사찰도 두었다. 진주가 이러한 경우다.

진주 남강의 촉석루 맞은편에는 지금도 대나무숲이 울창하다. 이 숲도 진산인 비봉산과 관련이 있다. 봉황이 대나무열매죽실를 먹고 산다고 해서 조성한 것이란다. 지역주민들은 남강변의 대나무를 가꾸며 경제적인 용도로 활용도 하고 경관의 아름다움을 위해 보존하는 풍치림으로도 즐겼다. 전통적인 고을숲이나 마을숲의 대부분은 산과 관련지어 만든 조산숲이다.

산과 숲이 하나의 경관으로 연결되고 통합되는 것은 매우 한국적인 특징이다. 주민들이 생활영역에서 산과 맺었던 공진화 관계가 있었기에 가능했던 일이었다. 산이 주민들의 삶과 생활 속으로, 의식 속으로 깊숙이 들어온 것이다.

대구에도 특별한 진산이 있었다. 그 산은 야트막한 언덕에 불과할뿐더러 위치도 고을의 남쪽에 자리하고 있었다. 그 진산은 지역주민들에게 걱정거리였다. 규모로 보나 위치로 보나 고을 뒤를 받치는 튼실한 꼭지가 될 수 없었기 때문이다. 그렇다고 큰 고을을 옮길 수는 없었다. 어떻게 그 고민을 해결했을까? 기발하게도 진산 이름을 연귀산連龜山이라고 붙였다. 거북으로 연결시킨다는 뜻이

거북바위. 대구 제일중학교 교정에 있다.
대구의 진산 연귀산(連龜山)이 크기와 위치가 충분치 않아
거북 조형물로 비보한 것이다. 대구 고을의 북쪽 산줄기를
보완·강화하고 수신(水神)으로서 화재를 방비하는 의미도 있다.

다. 산마루에 거북바위도 조성해두었다. 16세기에 편찬된 『신증동국여지승람』에 나오는 이야기다.

왜 거북일까? 거북은 북쪽을 상징한다. 동 청룡, 서 백호, 남 주작과 함께 북쪽에 있다고 하여 북 현무라고 부른다. 대구 고을의 북쪽 산줄기를 보완하고 강화하는 산의 상징물인 것이다. 거북은 또 수신水神의 상징이다. 화재를 제압하는 신이다. 그 거북바위가 아무렇게나 방치되어 있었는데, 2003년 대구지하철 화재참사를 비롯하여 여러 재화를 겪자 정비한 일도 있었다. 오늘날까지 지속되고 있는 진산문화의 여풍인 것이다.

진산에서 비롯된 유명한 민속놀이도 있다. 영산 쇠머리대기 놀

영산쇠머리대기 놀이. 진산에서 비롯된 주민공동체 민속놀이다.
영축산이 마주보는 작약산과 겨루는 형상이라서,
두 산을 상징하는 나무 소를 만들어 패를 갈라 맞붙고 논다.
산과 사람이 문화를 통해 하나 되는 산 친화적 놀이 의식이다.

이중요무형문화재 제25호가 그것이다. 영축산이 영산창녕군의 진산인데, 마주보는 작약산과 마치 소 두 마리가 겨루는 형상처럼 보였다. 주민들은 두 산 사이에서 살기가 빚어지지나 않을까 늘 염려하였다. 이 고민을 흥겹고 신명나는 놀이로 풀어버렸다.

두 산을 상징하는 나무 소를 만들어 패를 갈라 맞붙고 어르고 맺고 푸는 것이다. 일종의 살풀이 의식이다. 놀면서 주민집단 간에 맺혔던 사회적 응어리도 풀고, 진산으로 빚어진 산살山殺도, 걱정거리도 함께 푼다. 이토록 지역주민들이 진산과 주고받은 공진화의 문화사는 슬기롭고도 다양하다.

지금이라도 내가 사는 곳에서 진산이 어디 있는지 찾아보자. 산에서 비롯되는 생명의 꼭지를 잠그고 살고 있지나 않은지 점검해 볼 일이다. 멀리 있는 백두산을 어렵사리 찾기보다는 백두산의 맥에서 우리 지역, 우리 동네 뒷산까지 이어져 있는 진산[주산]을 제대로 알고 보살펴야 하지 않을까. 부모와 가족이 가장 소중하듯, 특별할 것 없지만 더불어 있는 앞산·뒷산이 내겐 가장 큰 산이기 때문이다. 산과 사람, 그 공진화의 여정은 겨레생명의 이름으로 지속하고 지켜야 할 우리의 사명이다.

# 세상에 산을 만드는 사람들, 조산

## 자연을 슬며시 이어 만든 산

단 몇 숨도 쉬지 못하면 죽지만 공기를 느끼지 못하듯이, 아무렇지도 않게 보고 지나치는 것에 지중한 가치가 있다. 조산이 그렇다. 조산은 마을 입구에도 있고, 고갯마루에도 있다. 돌무더기로도 있고, 숲으로도 있으며, 장승이나 솟대, 심지어 남근석의 모습으로도 있다. 마을사람들은 이 모두를 조산이라고 한다. 형태는 달라도 기능이 같은 산의 상징이라 그렇다. 조산이 있는 마을은 조산리라고 불렀다. 조산리는 지역마다 흔히 있는 마을이름이다. 이 흔해빠지고 별다를 것 없는 조산이 한국 산의 문화사에서 가장 중요하고 특징적인 요소라고 하면 믿을 수 있겠는가?

조산造山이란 말 그대로 지은 산이다. 삼천리금수강산 지천에 산이 널려 있는데도 모자라 또 산을 만드는 겨레가 우리다. 세상에 산이라는 자연의 일부까지 만들어버리는 대담한 손길은 어디에서 온 것일까? 사람들의 심성이 얼마나 자연을 닮았으면 산까지 만들 수 있는 것일까? 그래서인지 조산의 모습은 우리 산을 쏙 빼닮았다. 그래서 참으로 정겹다. 우리는 산을 만들어도 만든 듯 아닌 듯 만드는 전문가다. 동아시아에서도 한국은 수더분하지만 천연스런

돌무더기 조산(경남 거창군 월성리).
위에 꼭지돌이 있다. 마을 앞 개울가에 있으며,
주민들은 조산이라고 부른다.

자연 미학을 대표한다. 대비하건대 중국만 하더라도 거창하지만 의도적으로 과장된 자연이고, 일본은 예쁘지만 인공적으로 재현된 자연이다.

조산이라는 말에 어떤 기자가 질문한 적이 있다. 이름에서 인공적인 냄새가 난다는 것이다. 한국의 천연스러운 미학에 비추어볼 때 이질감 같은 것이 느껴진 모양이다. 우리의 조산은 서양의 인위나 작위artificial가 아니라 오히려 자연의 조화造化에 가깝다. 자연과 대립하거나 격절된 인공이 아니라, 자연을 슬며시 잇고 상보相補하는 조화調和이다.

조산의 대표 격인 마을숲을 보아도 그렇다. 마을숲을 직접 눈으로 보면 이게 자연적인 숲인지 인공적인 숲인지 분간이 안 가는 경우가 많다. 어떤 마을숲은 산자락을 이어서 만들기도 했으니 그 자체가 산이다. 돌무더기 조산도 그렇다. 마을 앞 옥답의 논밭을 일구다가 땅속에서 나온 돌을 끌어 모아 쌓은 것이 돌탑이다. 그것은 인공인가 자연인가? 이것이 한국 조산의 정체이고 미학이다.

평범한 조산의 의미를 철학적으로 고상하게 표현하면 『중용』의 심오한 구절에 닿는다. 왜 산을 만드는지, 동아시아인의 자연에 대한 태도와 시선을 한마디로 간명하게 표현한다.

> 사람의 성품을 온전히 다할 수 있으면 만물의 성품도 온전히 다할 수 있다. 만물의 성품을 온전히 다할 수 있으면 천지의 화육을 도울 수 있다. 천지의 화육을 도울 수 있으면 천지와 더불어 참여할 수 있다.

숲 조산(전북 남원시 운봉읍 행정리).
마을 북쪽이 트여 있어 서어나무숲을 조성해 산을 대신했다.

조산이 단위 면적당 가장 많고 전국적으로 분포하는 데는 동아시아에서도 한국을 따를 곳이 없다. 일본의 경우 정원에 만드는 가산假山 외에는 우리와 같은 조산이라는 개념이 없고, 중국에는 특정 지역에 군데군데 한정되어 있다. 중국 사람은 우공이산愚公移山이라는 고사성어처럼 산을 옮기기는 했어도 한국 사람처럼 산을 만드는 데는 미치지 못했다. 우리는 너무도 쉽게 산을 만들었다. 중요한 사실은 조산이 아직도 살아 있는 문화전통이라는 것이다. 왜 우리는 산을 만들었을까?

전북 남원의 운봉에 행정리라고 있다. 이곳에는 마을숲 조산이 있다. 멀리서 보면 숲이 마치 산처럼 보인다. 운봉은 참 특이한 입지를 하고 있는 곳이다. 보통 마을은 배산임수라 하여 북쪽으로 산을 등지고 있기 마련인데, 이 마을은 남쪽에 지리산 주 능선이 장벽처럼 높이 솟아 있다. 그리고 북쪽이 넓게 평지로 트여 있다. 마을이 기댈 수 있는 산이 없어 겨울의 혹독한 북서계절풍을 견뎌야 한다. 여기서 오래도록 살려면 산을 짓는 도리밖에 없는 것이다. 그 방법이 숲을 조성해 산을 대신하는 것이었다. 마을 북쪽의 시내가 모이는 곳합수처에 병풍처럼 에둘러 조성된 이 마을숲은 마을의 수해와 풍해를 방비하는 기능을 한다.

이와 관련해 전해오는 이야기가 있다. 200여 년 전, 마을이 자리 잡고 얼마 지나지 않아 마을을 지나던 한 스님이, 마을 북쪽이 허하니 돌로 성을 쌓거나 나무를 심어 보완하라는 말을 남기고 사라졌다. 그전부터 마을에 병이 돌고 수해를 입는 등 재난이 끊이지 않자 스님의 말씀에 따라 지금의 자리에 숲을 가꾸었다고 한다.

### 조산의 '다양한' 아름다움

한국에서 조산이 몇 개나 되느냐는 질문은, 한국에 산이 몇 개인지 묻는 것처럼 어리석은 질문이다. 2007년, 산림청에서 우리나라의 산은 모두 4,440개로 조사됐다고 발표한 적이 있다. 그런데 이 통계는 자연지명 중에서 고개를 제외한 것이며 전국 골골마다, 마을마다 있는 수많은 이름 없는 작은 산들은 포함하지 않았다. 천년 만년 동안 그 자리에서 사람들의 삶터이자 생활터전으로서 한 가족처럼 묵묵히 제 역할을 했지만 아직 이름조차 갖지 못한 산들이 수없이 많다.

중요한 것은 지역주민들이 인식하는 산이다. 고개 밑에 있는 마

1 돌로 만든 솟대를 얹은 돌탑 조산(전남 구례군 마산면 황전리). 마을공동체에서는 매년 돌탑제를 지낸다.

2 돌탑 위에 보살상을 얹은 돌탑. 불교와 민간신앙이 결합한 모습이다.

3 금줄을 칭칭 감은 조산. 도톰하고 봉긋한 복숭아모양을 했다. 제단도 갖추었다(경북 문경시 신북면 김용리).

4 돌탑과 나무. 돌과 나무가 멋들어지게 어우러져서 일체가 되었다.

마을 앞에 있는 조산. 돌탑과 나무가 금줄로 이어져서 성역화되었다.

을사람들은 그 고개도 당연히 산이라고 생각한다. 옛 지리지 속의 산천山川 조에는 고개를 의미하는 령嶺, 현峴, 치峙도 포함되어 있다. 마을 앞에 우뚝한 산언덕이나 뒷동산도 마을사람들은 산이라고 부른다. 그렇다면 실제로 한국의 산은 4,000개의 몇 갑절이 넘어 수만 개가 될 것이다. 이것만이 아니다. 예부터 조산도 산이라고 했다. 돌무더기, 마을숲 모두 산이다. 어떤 마을에는 조산이 서너 개 있는 마을도 있다.

위성까지 쏘아 올리는 한국이지만 이 모두의 산을 과학적으로 집계할 수 있는 현대적 방법(?)은 아직까지 없다. 얼마나 될지 아무도 모르는 이것이 불가사의한 한국의 산이고 조산의 개수다.

조산의 가치는 모두 다르다는 데에도 있다. 다름의 가치는 크다. 다르니까 시간적으로 때에 따라 적절할時中 수 있고, 공간적으로 곳에 따라 적합할空中 수 있는 것이다. 대상과 입맛에 딱 맞을 수 있는 것이다. 40년 전에 영국의 경제학자 슈마허가 『작은 것이 아름답다』*Small is beautiful*라는 책을 써서 그 말이 유명한 사회적 담론이 되었는데, 이제는 '다른 것이 아름답다'고 해야 할 것 같다. 시인 박노해의 심금을 울리는 사진 에세이집 제목도 『다른 길』이다. 자연에서 꼭 같은 것이라곤 단 한 군데도, 한순간도 없다. 완벽한 다양성이다. 그래서 위대한 것이다.

조산은 주민들의 얼굴처럼 다르다. 지역적 성격 때문이다. 곳에 따라 이름도 가지각색이다. 순우리말로 지은뫼 또는 즈므라고도 했다. 알처럼 생겼다고 알미·알메·알봉이라고 했으며, 바구니를 엎어놓은 형상이라 바꾸리봉이라고도 했고, 모양을 본떠 여의주배미라고도 했다. 모양도 다르다. 흙무지형도 있고, 돌무지형도 있고, 숲형도 있고, 혼합형도 있다. 어떤 경우는 천연산을 조산으로 이름만 바꾸어 부르는 경우도 있고, 심지어는 고분을 조산으로 슬쩍 전용하는 경우도 있다.

벌써 15년 전 일이다. 안동시 조탑리의 탑마을에 가서 주민들에게 조산이 마을 어디에 있느냐고 물어보니 마을 가운데에 있는 둔덕을 가리켰다. 둔덕 위에는 숲이 조성되어 있어서 한눈에 조산임을 확인할 수 있었다. 조산을 왜 만들었는지 물어보았다. 마을 좌우로 산이 있는데 칼처럼 날카로운 기운으로 솟아 있기에 칼산을 완화하기 위하여 옛날에 조산을 만들었다는 것이다. 수긍이 갔다. 마

전북 칠보면 백암리의 남근석.
미끈하게 잘빠진 모습의 수작이다.
동네로 들어가는 입구에
빳빳하게 곧추 서 있다.

을주민 중에 잘 알고 계신 분이 있으니 만나보라고 해서 찾아갔다. 산속 외딴 곳 동화 같은 집에서 혼자 글을 쓰고 계셨는데, 나중에 알고 보니 『강아지 똥』으로 유명한 동화작가 권정생1937~2007 선생이었다. 그분 말씀이 그 조산이 원래 고분이라고 했다. 석실이 있어서 어릴 때 드나들면서 놀았다고 했다.

이렇듯 마을사람들은 옛 무덤을 조산으로 아무렇지도 않게 활용했다. 한낱(?) 조산으로 마을에서 위협적으로 보이는 큰 두 산을 아무렇지도 않게 다스리고, 불안한 기운이 사라지고 마음 편한 동네로 만드는 사람들이다. 여기만이 아니다. 경상도만 해도 경주 금척리, 안동 율곡리, 함안 봉성리 등에서도 옛 고분을 조산으로 삼고 있다.

조산의 수도 가지각색으로 다르다. 하나나 둘쌍이 가장 많지만, 셋, 넷, 다섯인 경우도 있고, 일곱 개인 경우도 있다. 경기도 이천시 장록동에 있는 일곱 조산은 북두칠성을 상징한다. 북두칠성이 땅에 내린 것이 조산이라는 얘기다. 하늘의 별이 땅의 조산으로 재현된 것이다. 무심히 보면 흙무더기 몇 덩이로 보이지만 알고 보면 조산을 만든 사람의 세계관은 가히 우주적인 스케일이라고 할 수 있다.

조산의 기능은 별의별 것이 다 있다. 겨울의 찬바람을 막고, 흉한 모습도 가리고, 갖춰야 할 것이 없으면 대신하기도 한다. 풍수적으로 용의 형국에 필요한 여의주, 봉황의 형국에 필요한 알, 배가 가는 형국의 돛대 같은 상징성도 갖는다. 마을에서 마주 보이는 산의 특정 부위가 음부 형상으로 보이거나 여근 모양의 바위가 있을 경우에는 음풍을 막는 남근석 조산도 있다.

남근석 하니 생각나는 일화가 있다. 팔팔한 서른 즈음 고려대에서 조산 특강을 한 적이 있다. 신입생으로 보이는 앳된 여학생이 마을에 남근석이 서 있는 영상을 보더니 질문을 했다. "선생님, 땅이 여성의 몸이라고 하면 남근석은 남자의 상징인데, 저 남근석은 땅속에 꽂혀 있지 않고 하늘을 쳐다보고 꼿꼿하게 서 있어요?" 참 맹랑한 질문이었다. 음양이 교합되는 이미지 경관으로 구성되어야 조산의 기능이 왕성해질 것이 아닌가 하는 날카롭고 합리적인 물음이었다.

그때는 나도 젊을 때여서 대답하지 못하고 겸연쩍게 웃어넘겼다. 그런데 나이 오십 줄이 지난 지금에 와서 이런 대답이 생각나는 것이다. "얘야, 남근석은 땅에 박혀 있으면 이내 풀이 죽기 마련이란다. 마을에서 보이는 여근산을 마주보며 빳빳하게 쳐들고 있을 때 힘이 뻗치는 것이지."

# 신산불이身山不二 아이콘, 태봉산

## 생명의 근원 '태', 산으로 돌아가다

속리산에서 법주사를 지나 문장대로 가는 산길 오른편에 순조 태실이라는 이정표가 있다. 순조1790~1834의 태를 묻은 곳이다. 서울 서초구 대모산에 있는 순조의 능인릉은 관심을 가져도 대부분 태실은 모르고 지나친다. 개울을 건너 소로 따라 자그마한 봉우리를 10여 분 올라가면 꼭대기에 태실이 있다. 1790년에 조성했던 조선 왕실의 태실유적이다. 태실지에서 보면 빙 두른 속리산 능선의 경치가 장관이다.

태는 예전에 생명의 뿌리로 중요하게 취급했는데, 요즈음 새삼 실질적인 효능이 알려져 주목받고 있다. 2012년 보건복지부가 제대탯줄혈의 보관 현황을 조사해보니 37만 명이 넘어섰다고 한다.

전통적으로 태는 어미와 자식을 이어주는 매개로서, 새 생명의 기반이기에 매우 정성껏 다루었다. 태가 어디에 묻히는지에 따라 인생의 길흉을 좌우한다고까지 해서, 사대부나 왕실에서는 좋은 터를 골라서 소중히 안장했다. 왕세자의 태는 왕조와 국운까지 영향을 준다고 믿어 엄정한 절차에 의해 태실이 조성되었고, 왕으로 등극하면 태실은 가봉되거나 새로 길지를 선택해 묻기도 했다.

순조 태실. 1790년 6월 18일에 태어난 순조의 태실은
8월 12일에 충북 보은군 속리산 자락에 조성되었다.
왕으로 등극한 지 6년 후인 1806년 가봉되어 지금의 태실 모습을 갖추었다.
태실비에는 '주상전하태실'(主上殿下胎室)이라고 새겨져 있다.

이런 산을 일러 태봉산이라 했다. 태를 묻은 산봉우리다. 태봉산은 좁은 의미로는 왕실의 태를 묻은 산 이름이지만, 민간에서 태를 묻은 산도 넓은 의미로 태봉산이다. 지도에 오르지 않은 것까지 포함해서 전국에 수백 개는 훌쩍 넘어설 것이다. 조선 왕실 태봉만 300여 곳으로 집계한 연구도 있다. 태봉이 있어서 태봉마을, 태봉동, 태봉리라고 붙은 지명도 흔하고, 태봉초등학교라는 이름도 여럿 있다. 모두 태봉 돌림 지명이다.

경기도 광주의 태전동에도 알처럼 봉긋한 산봉우리가 있다. 성종1457~1494의 태실이 있었던 태봉산이다. 태봉산에 접한 마을은 지금도 태봉마을이라고 부른다. 성종태실은 태봉 꼭대기에 조성됐

「순조 태봉도」(1806). 봉긋한 젖 봉우리 모양의 꼭지에
태실이 사실적으로 표현되었다. 아래에 법주사도 그려져 있다.
『조선왕조실록』에 "원자(元子)의 태봉 길지를 보은현 속리산 아래 있는
을좌신향(서향)의 자리로 정하였다"고 기록되어 있다.
속리산 천황봉에서 서쪽으로 뻗은 맥을 타고 우뚝 솟은 봉우리
정상에 위치하고, 주위로 산이 둘러진 전형적인 태실 입지다.

으나 현재 창경궁에 옮겨 복원하였다. 조선 왕실의 태봉 대부분은 이처럼 평지에 돌출하여 젖무덤처럼 생긴 봉우리 형태를 하고 있다. 태를 묻는 태실은 봉우리 정상의 젖꼭지 부위에 자리한다. 돌혈突穴 산의 명당에 묻는 것이다. 태를 산봉우리에 묻게 된 것은 풍수사상의 영향이 컸다. 땅의 생기가 태에 전해져서 다시 그 태의 주인에게 간접적인 영향을 준다는 믿음 때문이다.

민간에서는 태를 꼭 산에만 묻은 것은 아니었다. 지역에 따라서도 달랐다. "한 밭머리에 태를 묻었다"는 북한 지역 속담이 있다. 한 동네의 친한 사이를 비유하는 말이다. 태를 밭머리에 매장했던 사실을 일러준다. 일반인들은 태를 어디에다 어떻게 처리했을까? 태를 불로 태운 후에 강물에 띄워 보내거나 산이나 땅에 묻었다. 정화해서 자연으로 되돌린다는 의미일 것이다. 민간에서 한국 사람들은 태를 주로 태웠지만, 일본 사람들이 태워 처리한 것은 비교적 근대의 일이었다. 태우지 않고 그대로 산이나 땅에 묻기도 하고, 바다나 강물에 띄워 보내기도 했다. 산간 지역에서는 산에 묻었고, 해안이나 강가에서는 물에 띄웠다. 제주도에서도 중산간 지역에서는 산에 묻었지만 해안가 주민들은 바다에 띄워 보냈다.

옛 유구오키나와 사람들은 산모가 태반을 먹었다는 기록이 있다. 놀랄 일이 아니다. 포유류는 어미가 태를 본능적으로 먹는다. 영양 덩어리이기 때문이다. 일본의 서민들도 태를 강과 바다에 띄우거나 땅에 묻었던 것은 우리와 같다. 다만 천황가에서는 이나리 산稻荷山, 가모 산賀茂山, 요시다 산吉田山 등 특정 산에 묻었다. 높고 신성한 공간에 태를 두고자 한 심리로 이해된다. 중국의 흑룡강성에서

「장조(사도세자) 태봉도」(1785).
회화식 필치와 풍수적 묘사가 어우러진
산도(山圖)의 명작이다.

「헌종 태봉도」(1847).
충남 예산군 가야산의 헌종 태실을 그린 것으로
산수화풍이 더해진 태봉도이다.

도 아이가 고관대작이 되려면 태를 높은 언덕이나 산에 묻어야 된다고 생각했다. 풍수사상이 미친 영향으로 보인다.

### 어느 곳에 태를 묻을까

조선 전기에 이문건1494~1567이 쓴 『양아록』養兒錄이라는 육아일기에는 당시 양반들이 어떻게 태를 태봉산에 묻었는지에 대한 기록이 있다.

> 태를 냇가에서 깨끗이 씻어 기름종이로 싼 뒤 태운다. 나흘째 되는 날 북산태봉에 묻는다.

왜 북산일까? 북쪽은 오행에서 수水에 해당하는 곳으로 생명의 근원이다. 사람이 죽어서 간다는 북망산도 북쪽을 가리킨다. 『성종실록』에는 "보통사람은 반드시 가산家山에 태를 묻는다고 왕대비가 말씀하시더라"는 표현이 있는 것으로 보아도, 사대부 마을에서는 태봉산을 정해 태를 묻었다는 사실을 알 수 있다. 그렇다면 웬만한 마을마다 태봉산이 있었던 셈이다.

한국에서 태를 산에 묻은 역사는 매우 오래되었다. "김유신595~673의 아버지가 유신의 태를 고을경기도 진천 남쪽 15리에 안장해 태령산胎靈山이라 불렀다"는 『삼국사기』의 옛 기록이 있다. 고려 충렬왕 때 세자의 태를 안동부에 안장했다는 기록도 『고려사』에 나온다. 고려와 조선에 걸쳐 왕조에서는 전담부서까지 두고 풍수 전문가가 명당터를 골랐으며, 신중히 택일하여 태실을 조성하고,

명종 태봉산.
충남 서산시 운산면 태봉리에 있다.
태실지는 상왕산의 지맥이 서북쪽으로 뻗어
돌출한 봉우리 정상에 입지하였다.

사후에 철저하게 보호·관리하였다.

한국의 왕실문화에서 탄생태실지—삶궁궐—죽음왕릉으로 이어지는 일생토록 풍수사상이 전반적인 영향을 주었다는 점은 동아시아에서도 특이하고 흥미로운 문화현상이다. 상대적으로 중국만 하더라도 풍수문화가 태실까지는 크게 미치지 못했고, 일본은 가옥 배치家相 정도에 영향을 주는 데 그쳤다.

조선 왕실에서 아기를 출산하면 남아의 태는 출생 후 5개월, 여아의 태는 3개월째 되던 날에 묻는 것이 관례였다. 태실 후보지는 세 곳을 추천하였고 왕이 최종 결정하였다. 낙점 후 택일하여 정해

명종 태실. 봉우리 꼭대기에 조성되어 있다.
명종은 1534년 5월 22일에 중종과 문정왕후의 둘째 아들로 태어났다.
태실은 출생한 지 4년 후에 조성되었고,
즉위 이듬해인 1546년에 가봉되었다.

진 의식과 절차에 따라 태실이 조성되었다. 태봉산에는 금표를 두고 소나무 채취, 경작 등을 금지하는 등 보호 관리에 만전을 기하였다. 태실은 도면과 문서로도 남겼다. 「태봉산도」로 실제 모습을 상세히 그렸고, 『태봉의궤』로 조성 · 보수 · 관리 사실을 철저히 기록하여 왕실 기록유산으로 남겼다.

조선 왕조의 태실은 충청도, 전라도, 경상도에 주로 분포하고 있다. 성종대 이후로는 경기도와 강원도에도 태실을 조성했고 황해도 지역에도 있었다. 일제강점기에 이들 태실 유적은 모두 파헤쳐 강제로 옮겨지면서 원형을 잃었다. 일제는 1929년에 태실 54기를

현종 태봉산. 충남 예산군 신양면 황계리에 있다.
현종은 1641년 2월 4일에 효종과 인선왕후의 맏아들로 태어났다.
태실은 1647년 조성되어 1681년 가봉되었다. 최근에 개발로 훼손되었다.

경기도 고양의 서삼릉 구석에 공원묘지처럼 집단으로 모아두었다. 태실명당에 눈독을 들이고 있던 지역 권력자와 친일파들은 이때다 싶어 자기네 선조의 묘를 그 자리에 썼다. 그래서 조선 왕실의 태봉 유적지를 가보면 대부분 텅 비어 있거나 사묘私墓가 들어서 있다.

근래 태실 유적은 지방자치단체가 나서서 복원하는 분위기지만, 아직도 어디에 있는지조차 알 수 없는 태실도 있고, 개발로 훼손된 유적지도 여러 곳이다. 인조 태봉은 충주댐으로 수몰되었고, 현종 태봉은 태실이 있던 산봉우리가 깎여나갔으며, 순종 태봉은 공장지대가 되면서 형체도 없어졌다. 태실은 옮겨서 복원해도 되는 석조물만의 유적이 아니다. 태봉산의 제자리에 있어야 태실로서 온

전한 것이다. 우리 문화재의 장소적 · 경관적 가치를 재평가해야 할 이유이기도 하다.

### 울 엄니 품속같이 좋은 땅

왜 선조들은 산에 태를 묻었을까? 전통적으로 우리네 생명은 산의 정기를 타고나는 것이었다. 산이 생명의 근원이었던 셈이다. 새 생명이 태어나면 모태를 산에 묻었으니 왔던 곳으로 되돌리는 회귀 의식의 반영이다. 그리고 산이라는 큰 생명에너지에 접속하여 주인의 생기를 더해주려는 세속적풍수적인 소망도 있다. 마치 무선 접속장치를 장착해놓고 신호를 증폭하여 무선기기를 쓰는 이치와 마찬가지다.

사람들이 태를 산에 묻으면서 산에 대한 인식에 변화가 생기고, 사람과 산의 관계가 새롭게 달라졌다. 태를 묻은 산은 왕조 또는 마을과 가문의 번성을 염원하는 생명의 산이 되었다. 모태산이 되었다.

눈을 크게 뜨고 보면, 우리는 어미 뱃속의 태아처럼 하늘과 땅산으로 이루어진 커다란 자궁 속에 잉태되어 공명하는 존재임을 알 수 있다. 형태적으로 그렇다. 어미 뱃속의 자궁 이미지를 그려보라. 태반이 태아를 받치고 있는 모습은 우리네 산이 삶터를 뒷받침하고 있는 모습과 똑같다. 태반에서 탯줄이 태아에게 연결되듯, 뒷산의 산줄기가 마을과 집으로 연결되었다. 그래서 뒷산은 태반이고, 산줄기는 탯줄이다.

기능적으로도 그렇다. 태반이 태아의 생존과 성장에 필요한 물

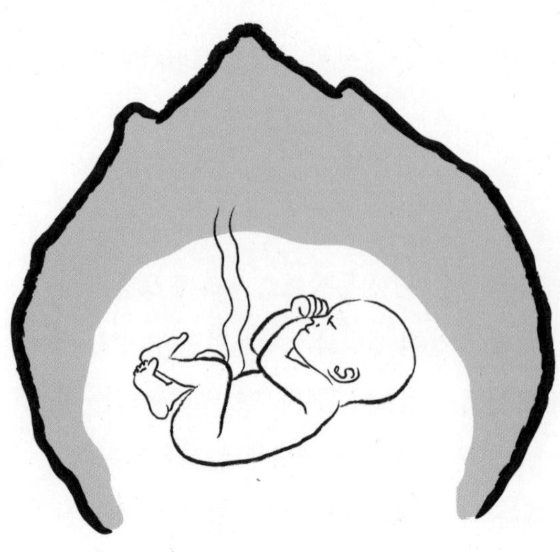

태반에서 탯줄이 태아에게 연결되듯
뒷산의 산줄기가 마을과 집으로 연결된다.
뒷산은 태반이요, 산줄기는 탯줄이다.

질교환을 매개하고 보호하는 역할을 하듯, 산은 주민에게 지속가능한 삶의 터전을 제공하고 먹을거리를 주며 생활공간을 에워싸서 지킨다. 탯줄이 태아의 생명줄이듯, 산줄기는 주민과 생태의 통로 역할을 한다.

겨레 의식의 골수를 담고 있는 어느 무가巫歌의 한 구절에도 "울 엄니 품속 같은 좋은 땅"이라고 노래한다. 우리네 삶터의 모형은 모태와 동일하게 상징되어 구상화되었던 것이다. 칼 구스타프 융의 개념 틀에 적용해 새로 해석하면, 어미의 뱃속과 산의 품속은 원형상Archetype의 반복이며, 그것은 집단적으로 내재해 있는 산천 무의식이 공간상에 투사投射, projection되어 삶터에서 재현된 것이었다. 본능적으로 어미의 뱃속처럼 아늑한 산의 품속에 깃들어 살려는 것이다.

이제 구체적이고 분명해졌다. 전통적인 지인상관적地人相關的 사유방식에서 땅은 어머니, 산은 태반, 산줄기는 탯줄, 삶의 둥지는 탯자리였던 것이다. 그것은 산과 몸의 인문학적 · 현상학적 합일이요, 공진화하는 과정에서 형성된 '신산불이'身山不二의 경관상이었다. 이런 사상적 · 문화적 풍토에서 산의 아들古山子 김정호는 "산등성이는 땅의 살과 뼈이고, 하천 줄기는 땅의 혈맥"이라는 뜻깊은 말을 남길 수 있었던 것이다. 거기서 태봉산은 신산불이를 표상하는 모태산의 아이콘이었다.

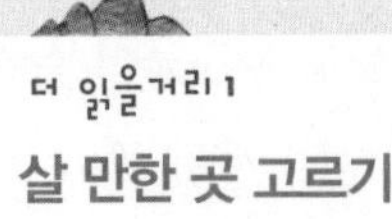

더 읽을거리 1

## 살 만한 곳 고르기

어디에서 살 것인가? 모든 사람의 관심사다. 새들도 깃들 곳을 가린다는데 사람에게 있어서야. 공자도 "어진 곳을 가려 살지 않으면 어찌 지혜롭다 하겠는가?"라며 거주지가 인성과 삶에 미치는 영향을 힘주어 말했다. 조선 후기에는 어느 마을을 선택해 살 것인지를 논한 『택리지』擇里志가 베스트셀러가 될 정도였다. 조선시대 지식인들이 마을을 가려서 살아야 한다고 생각한 이유와 목적은 무엇일까? 『택리지』의 서문을 쓴 이익1681~1763은 다음과 같이 대답했다.

> 자기가 사는 마을을 가린다는 말은 공자, 맹자 때부터 나왔다. 사는 마을을 가리지 않으면 크게는 교화가 행해지지 않고 작게는 자기 몸도 편안치 못하다. 그런 까닭에 군자는 반드시 사는 마을을 가리는 것이다.

한국 사람들의 마음속에 품고 있는 이상적인 장소가 바로 '명당'이다. 이상향유토피아, 길지, 복지, 낙토, 낙원, 극락까지 존재하든 존재하지 않든 간에 모두가 꿈에 그리는 공간을 표현한 말이다. 어떤 곳이 살 만한 명당 즉 가거지可居地일까? 산이라는 코드로 해답을 찾을 수 있다. 전통적으로 이상향은 모두 산에 있었다. 지리산 청학동도 그랬고, 속리산 우복동도 그랬다.

산이 없는 곳은 어떻게 하냐고 반문하겠지만, 풍수에서는 평지에서 한 자만 높아도 산이라고 한다. 평지보다 약간 지대가 높은 둔덕이나 언덕은 산으로 친다. 지대가 조금 높이 있으면 전망도 좋고, 배수도 잘되어 습하지 않고, 수해에 대한 염려도 없다. 산을 끼고 있거나 가까이 있으면 자연생태공원을 거저 얻는 것과 마찬가지다. 주변을 두르고 있는 산과 어느 정도 거리를 두는 것이 좋을까? 가까이 있을수록 좋다. 심리적인 도달 범위는 공간적인 장력張力의 범위와 다르지 않다. 주변 산과의 거리도 멀리 눈에 들어오는 범위보다는 가까이 품에 들어오는 범위 정도가 좋다.

조선 후기의 실학자 홍만선이 쓴 『산림경제』는 산에서 사는 데 필요한 주거, 생업, 양생, 보건 등을 망라한 지식정보를 수록하고 있다. 그중 살 만한 곳 고르기가 가장 우선되었다. 책의 첫머리에 「집자리 고르기卜居」 편을 두고 거주환경과 주거지의 선택에 대해 말했다. "풍기風氣가 모이고 앞과 뒤가 안온하게 생긴 곳"이 좋다고 했다.

"풍기가 모이고 앞뒤가 안온하게 생긴 곳"이라는 뜻이 의미심장하다. 지형과 기상 조건을 모두 말했다. 겨울철에 찬바람이 불어닥치는 곳이 아니라 적당하게 기댈 곳이나 바람막이 정도가 있으면 좋다는 뜻이다. 그런 곳이라면 일조에 의한 온기도 흩어지지 않고 모인다. 그래서 안온하고 아늑한 느낌이 든다. 편안하고 따뜻하다는 것은 심리적이면서도 신체적인 상태이기도 하다.

눈에 보이는 산의 모습도 소중하다. 이중환은 『택리지』에서 이렇게 말했다. "산 모양은 (주산이) 수려하고 단정하며, 청명하고 아담한 것이 제일 좋다. ……제일 꺼리는 것은 산이 생생한 기색이 없거나, 산 모양이 부서지고 비뚤어진 것이다." 반대로 이야기해보자. 보이는 산의 모습이 추악하고 흐트러져 있으며, 음습하여 탁하고 어두운 느낌이 들고, 보기에 부담스럽고 거슬리는 산이라면 안온한 느낌을 주지 않을 것이다. 눈에 보이는 모습도 그래서 중요하다. 산을 보는 심미적인 시선인 셈이다. 산을 보는 것은 사람을 보는 바와 크게 다를 바 없다.

살 만한 곳은 요즘으로 치면 어디쯤 될까? 우리나라는 서울 같은 대도시에도 높고 낮은 산이 없는 곳이 없으니 산과 가까운 쪽으로 삶터를 정할 일이다. 굳이 산자락에 있지 않아도 그리 멀지 않은 거리에서 산이 두르고 있으면 된다. 서울 외곽의 수도권이나 지방의 중소 도시라면 선택의 범위가 더 넓어진다. 산도 갖춰져 있고 물도 끼고 있는 곳, 그야말로 배산임수할 수 있는 가거지는 얼마든지 있다. 읍면 단위나 전원으로 가면 갈수록 쾌적하게 살 만한 산수조건을 갖춘 곳은 더 많다. 그런데 상대적으로 서울과 도심의 경제적 이익과는 자꾸 멀어진다. 살기 위한 곳과 살 만한 곳의 차이이다.

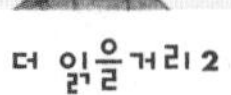

더 읽을거리 2

## 풍수에서 산을 읽는 방법: 오행의 시선

풍수에서는 산을 오행의 시선으로 살피는 독특한 방법이 있다. 이를 오성론五星論이라고 한다. 만물은 다섯 가지로 유형화된 기운과 형상으로 이루어져 있다는 사고방식이 전통적인 오행 사상이다. 오행에 투영하여, 산 역시 다섯 가지 카테고리로 분류한다. 목산木山, 화산火山, 토산土山, 금산金山, 수산水山이다. 오행에 해당하는 각각의 모양처럼 각각의 기운을 지니고, 사람의 기운에 영향을 준다고 생각한다. 또 다른 풍수이론에서는 북두칠성과 그 옆의 두 별을 합쳐 아홉 가지 모양으로 산을 보기도 한다. 구성론九星論이라고 한다.

오성론과 구성론처럼 풍수에서 산의 기운은 모양새와 산세로 따진다. 오행의 시선으로 산을 따져보자. 나무처럼 우뚝한 산이 목산이고, 불꽃처럼 뾰족뾰족한 산이 화산이다. 탁자처럼 반듯한 산은 토산이고, 종을 엎어놓은 것 같은 모양은 금산이다. 물길이 구불거리며 가는 듯한 모양새를 한 산은 수산이다. 풍수서에서는 이렇게 말한다. 목성은 새싹이 올라 나뭇가지가 자라는 것과 같은 곧은 모양이고, 화성은 불타오르는 뾰족뾰족한 모양이다. 토성은 온후하고 진중한 네모진 모양이고, 금성은 두루 견고한 둥근 모양이다. 수성은 흘러 움직이는 굴곡하는 형상이다. 이중환은 『택리지』에서 이렇게 이야기했다.

> 월출산은 한껏 깨끗하고 수려하여 화성火星이
> 하늘에 오르는 산세이다.

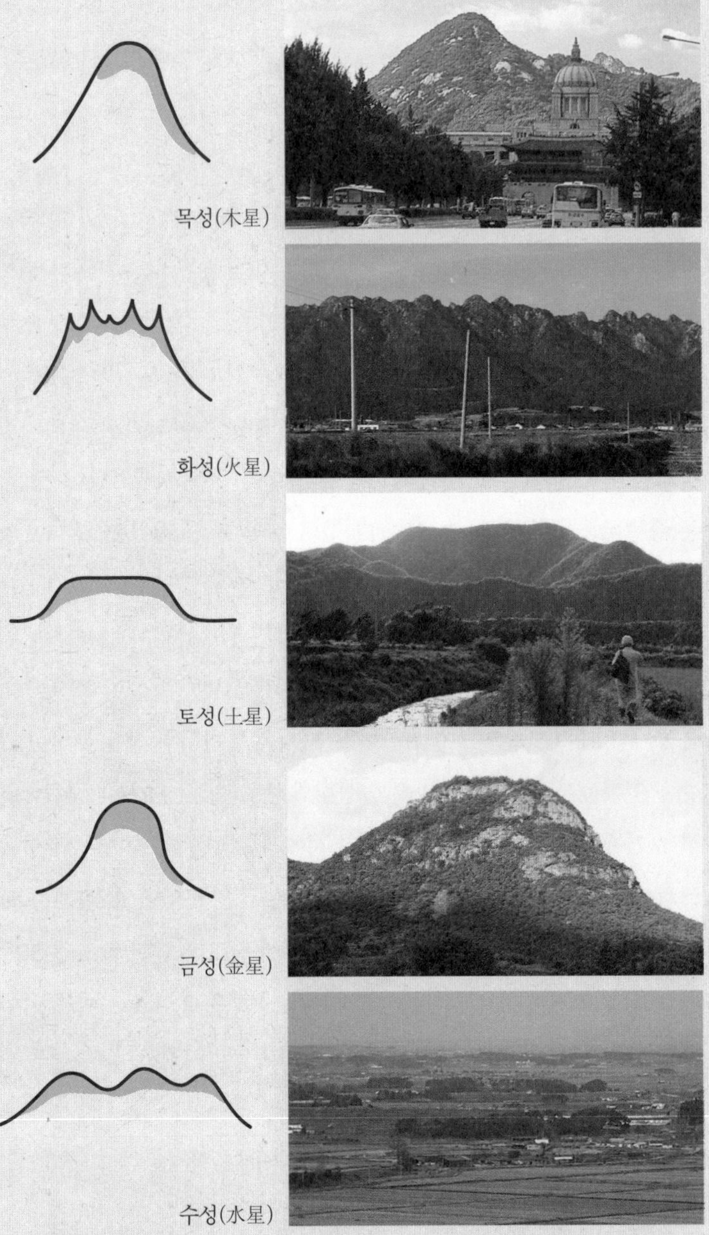
목성(木星)
화성(火星)
토성(土星)
금성(金星)
수성(水星)

감여가풍수가는 속리산을 돌 화성이라 한다.

영암의 월출산을 떠올려보자. 수려한 모습의 이미지다. 화강암이 풍화되어 이루어진 바위산이다. 조선 후기의 『해동지도』에도 월출산의 모습이 사실적으로 표현되었다. 그래서 같은 화산이자 바위산인 금강산은 연꽃송이로, 설악산은 빼어난 미인으로 비유되었다. 이중환이 풍수가감여가의 말로 인용했던 속리산도 그렇다. 화산의 유형에 속하는 산들이다.

백악산이 되었다. 형가形家는 "하늘을 꿰뚫는 목성木星의 형국이며 궁성의 주산이다" 한다.

이중환은 또 서울의 북악산백악산을 풍수가형가의 말을 빌려 목성이라고 했다. 청와대 정문 부근에서 북악산을 바라보면 마치 거대한 죽순이 솟아나온 모습처럼 보인다. 그런 산이 목산이다.

그런데 산이란 것이 한 가지 모양이 아니라서 왼편에서 볼 때 다르고 오른편에서 볼 때 다르다. 왼편에서는 목산이어도 오른편에서는 금산일 수가 있다. 어떤 산은 두 가지가 섞여 있기도 하다. 아래는 목산이면서 위로는 금산일 수도 있다. 그래서 어디서 보느냐 어떻게 보이느냐가 중요하다.

# 2

## 너와 내가 하나이니

### 산에 담긴 이야기

우리는 이 땅 어디서나 산을 볼 수 있었고
솟아 있는 것이라면 모두 산으로 보았다.
비산비야非山非野라고 하지 않던가?
산도 아니고 들도 아닌 산, 그것이 한국의 산이다.
우리 산 지형의 특징이자 정체성이다.

# 어머니산, 지리산

## 수많은 생명을 품은 산

사람 사는 세상사가 요즘같이 고달플 때 산은 부담 없이 가서 쉴 수 있는 곳, 상처 받은 마음을 치유할 수 있는 공간이 된다. 한국 사람들에게 산은 푸근한 고향 같은 곳이고, 어머니 같은 대상이다. 우리가 태어난 곳이 어머니 몸이듯이, 산은 생명의 뿌리 같은 곳이다.

그래서 우리는 죽어 산으로 돌아갔나 보다. 산은 순우리말로 뫼라고 하고, 산소도 뫼라고 한다. 하기야 산소도 산에 있는 묘라는 말이 일반명사로 굳어진 것이 아닌가? 산자락 양지바른 곳에 봉긋한 젖무덤처럼 들어앉은 묘는 산을 닮았다. 살아서 의지하던 산과 죽어서 돌아가는 묘가 같은 말이고, 묘소를 산소라고 부르는 산의 겨레가 세상 또 어디에 있을까?

한국은 산의 나라다. 산에서 해가 떠서 산으로 지며, 산에서 물이 흘러나오고, 산에서 온갖 생물이 자라나므로 산은 생명의 원천이다. 그 속에서 살아온 한국 사람은 산의 심성과 문화를 송두리째 입고 있는 민족이다. 산의 정기를 타고나서 산에서 나는 물을 먹고 산 언저리에 살다가 산으로 돌아가는 사람들이다. 산과 우리는 DNA의 나선구조처럼 관계 맺은 그 무엇이다.

서양과는 달리 동아시아에서는 산을 어머니로 생각해왔는데, 특히 한국이 그렇다. 한국에서는 모악산, 대모산, 자모산, 모자산 등 곳곳마다 어머니산 이름이 유난히 많다. 어머니산은 한국 사람들이 산에 대해 지닌 대표적인 심상 이미지이다. 어머니인 산은 모든 생명을 품어준다. 사람들이 살 수 있는 터전을 마련해준다.

지리산은 한국의 어머니산을 대표하는 산이다. 둥그스름하고 부드러운 산의 생김새만으로도 넉넉하고 푸근한 어머니가 연상된다. 지리산이 왜 어머니산일까? 지리산에는 수많은 동식물과 사람이 그 품에서 오랫동안 살아왔기 때문이다. 지리산에는 무려 7,050종의 생물이 살고 있어 한국의 산 중에서 가장 다양한 종이 서식한다. 또한 지리산권에는 500여 개가 넘는 자연마을에 4만 7,000여 명의 사람이 살고 있어, 한국의 산지 중에서 가장 인구가 많다.

지리산의 어머니 이미지는 예부터 있었다. 지리산을 상징하는 아이콘은 성모천왕聖母天王이었다. 지리산 성모에 대한 오랜 기록은 고려 말 이승휴의 『제왕운기』에도 나온다. 지리산 주변에 살았던 주민들은 성모상을 모시고 지리산을 신성한 어머니로 숭배해왔다. 유몽인1559~1623이 「유두류산록」에서, "인근의 무당들이 모두 이 성모에 의지해 먹고산다"고 말한 것이 이러한 정황을 말해준다.

성모상은 원래 천왕봉 꼭대기의 성모사聖母祠라는 사당에 있었다. 1472년 8월 15일, 지리산을 유람한 김종직은 천왕봉 꼭대기에 세 칸의 성모사 사당 건물이 있다고 「유두류록」에 기록했다. 지리산의 주인은 성모라는 어머니 산신이었던 것이다. 지금도 산청의 천왕사에서는 한 할머니가 성모상을 모시고 있다. 서민들이 섬겼

지리산 천왕봉 정상에 성모당이 있었던 자리.
세 칸의 판자로 지은 사당이 있었고 성모가 모셔졌다.
지금은 등산객들의 쉼터가 되었다.

던 성모상 중에 하나일 것이다.

지리산의 노고단도 원래는 노구老軀라는 할머니 산신을 모신 단으로서, 노구당老嫗堂이라는 사당이 있었다. 노고단은 일제강점기 무렵에 바뀐 지명이다. 이렇듯 옛사람들의 눈에 비친 지리산의 이미지는 어머니이자, 어머니의 어머니인 할머니였다. 여신이었다.

지리산이 왜 어머니산인지는 금강산과 비교해보면 더욱 분명하다. 금강산은 천하의 명산이지만 사람들이 마을을 이루고 살기 힘든 곳이다. 금강산 일대는 하천이 작고 농경지도 부족하기 때문이

늦가을의 지리산 한신계곡.
지리산은 골짜기가 많고 깊으며 사시사철 물이 철철 흐른다.

다. 돌산이라 신앙의 장소인 절만 여기저기에 있을 뿐이다. 그래서 옛사람들도 금강산을 절세의 미인이라고 했지 어머니로는 형용하지 않았다. 그러나 지리산의 자연환경과 토양조건은 다르다. 흙산이라 경지가 비옥하고 수자원이 풍부해서 벼농사도 지을 수 있었고, 산속에서 수백 년 동안 대를 이어 논밭을 갈며 살 수 있었다. 그래서 어머니산이다.

한국의 산을 여성의 나이로 비유한 우스갯소리가 있다. 20대는 설악산, 30대는 지리산, 40대는 북한산, 50대는 남산이란다. 그런데 그 설명이 가관이다. 설악산은 올라도 올라도 사시사철 재미가 색다르다. 지리산은 골짜기가 깊고 언제나 물이 철철 흐른다. 북한산에는 언제라도 누구라도 마음먹으면 올라갈 수 있다. 남산은 가까이 있지만 잘 안 올라간다. 이 유머는 남성들의 성 관념을 산에 빗대어 질탕하게 표현하고 있지만, 기막히게 산의 특징을 잘 뽑아냈다는 점만은 놀랍다.

## 골골이 터 잡은 은자의 산

지리산은 한국의 산 중에서 가장 골짜기가 깊다. 깊은 골짜기에는 사람이 숨을 수 있다. 그래서 지리산에는 예부터 수많은 사람이 은거했다. 신라 말의 최치원도 그랬고, 고려 말의 한유한도 그랬다. 지리산이 '은자의 산'이 된 배경은 골짜기가 깊은 지형적 특징 때문이기도 하다.

그래서 지리산에는 청학동이라는, 한국의 대표적인 이상향도 생겼다. 원래 청학동은 쌍계사 뒤편 불일폭포 부근이었다. 그곳은 지리산에서도 가장 깊은 골의 하나인 화개-쌍계계곡 언저리의 호리병 속 같은 분지다. 더욱이 여기는 단층 지대라서 산속 깊은 곳에 폭포가 떨어지고, 기이한 자연광경이 펼쳐진다. 불일폭포로 난 길을 걷다 보면 짙푸른 숲 너머로 마치 청학이 날아올 것 같은 착각이 든다. 이처럼 한국의 전형적인 유토피아는 어머니의 자궁 속 같은 산골짜기에 있었다. 이것은 서양의 도시형 유토피아와 판이하게 다르다.

골짜기가 깊은 지리산은 숨어 사는 피신의 땅이면서도, 세상의 변혁을 꿈꾸는 혁명의 산실이기도 하였다. 역사적으로 지리산은 저항세력들의 거점이었다. 17세기 이후 조선의 정국이 혼란하고, 무신란1728이 실패하자 많은 사람이 지리산으로 몸을 피했다. 1785년에 하동의 문양해가 주도한 '정감록 역모사건'은 왕조를 부정했던 민중들의 저항운동이었다. 진주농민항쟁1862이나 진주변란1870 때에도 지리산 자락인 덕산이 항쟁의 거점이었다. 여기는 동학 세력이 경남 서부 지역으로 퍼져 나가는 근거지이기도 했다. 변혁의 산, 지리산의 전통은 한국전쟁 전후의 빨치산 활동으로 전개된다. 지리산은 20세기 제국주의 열강의 대립으로 빚어진 한국전쟁 전후의 역사적 과정에서 민중들의 저항의 현장이었던 것이다. 이래서 예부터 지리산은 불복산不伏山이나 반역산이라는 또 다른 이름으로 불렸으리라.

지리산은 골짜기만 깊은 것이 아니라 수많은 골짝골짝마다 사시사철 물이 철철 흐른다는 데 비밀이 있다. 우리야 늘 보는 것이라 당연하게 생각하지만 서양에서 이런 산은 그리 흔하지 않다. 멀리 갈 것 없이 국내의 한라산과 비교해보아도 쉽게 알 수 있다. 한라산은 지리산보다 비가 더 많이 내리지만 토양이 화산재 성분이라서 물이 금방 빠져버린다. 그래서 한라산에서 발원한 하천은 물이 말라버린 건천이다. 물이 없으니 땅이 척박하고 밭농사만 가능할 뿐이다.

그러나 지리산 골짜기는 강수량이 풍부한 데다가 물을 머금는 토양 조건을 갖추고 있어서 벼농사가 가능했다. 벼농사는 많은 사람을 먹여 살리는 획기적인 농경 방식이었다. 산속이라도 장기지속이 가능한 마을을 이룰 수 있었다. 주민들은 산비탈 곳곳을 개간

지리산 계단식논(함양군 군자리 도마마을과 군자마을).
지리산지에서 가장 규모가 큰 계단식논이다.
근래 들어 경제성 때문에 밭으로 많이 바뀌고 있다.
논의 역사적 경관 보전을 위해서는 공공 분야의 외부적 지원이 필요하다.

해서 석축을 쌓아 논둑을 만들고 다랑논계단식논도 일구었다. 지리산 곳곳에는 어미 품에 둥지를 틀듯이 수백 년을 공동체로 살아온 생활사의 문화전통이 있다.

이처럼 우리가 새로 눈여겨보아야 할 소중한 유산 가치는, 어머니 지리산이 베풀고 사람들이 일군 삶의 터전이다. 서민생활사와 생활경관이다. 대표적으로 다랑논과 논둑을 주목할 필요가 있다. 2014년 4월에 청산도의 '구들장논'과 제주도의 '밭담'이 세계중요농업유산시스템GIAHS에 등재된 쾌거가 있었다. 지리산의 다랑논

지리산 논둑. 돌로 쌓아서 만들었다.
서민생활사를 보여주는 농업유산으로서 가치가 크다.
논둑의 높이가 10m에 이르는 것도 있다.

은 한국에서 가장 규모가 크고 오래되었으며, 돌로 쌓인 논둑의 높이는 10m에 이르는 것도 있다. 함양 군자리에 거대하게 펼쳐진 다랑논은 누가 보아도 장관으로, 지리산지에서 규모가 첫손가락에 꼽힌다. 요즘엔 세계유산의 트렌드도 왕실 건축물이나 유적보다는 민간생활사의 자취를 중시하는 방향으로 나아가고 있다. 다랑논만 하더라도 필리핀의 코르디레라스 계단식논을 비롯하여, 작년에는 중국 운남의 홍하 하니족 계단식논이 세계유산에 등재되었다.

21세기 지구촌 시대에 지리산은 이제 국가와 민족의 산을 넘어 세계와 인류의 신성한 어머니산Mother Mountain으로 거듭날 때가 되었다. 몇 년 전부터 지리산을 유네스코 세계유산에 등재하기 위해 준비 중이다. 지리산처럼 국가적인 명산이 세계유산이 된 외국의 사례는 적지 않다. 중국이 보유한 세계유산이 47개인데 그중 명산이 10개나 차지하고, 일본도 18개 중에 3개가 산이다. 작년에 후지산이 세계문화유산으로 등재된 것은 널리 알려진 사실이다.

삼천리금수강산이라 자부하는 우리에게 산으로 등재된 세계유산이 하나도 없는 것은 면목이 서지 않는 일이다. 지리산은 '사람의 산'이라는 한국 및 동아시아 특유의 산지문화를 집약하는 전형이 될 뿐만 아니라, 산은 생명의 근원이라는 이미지로 지구촌의 인류에게 소중히 간직될 수 있다.

# 침묵으로 엎드린 할머니산, 한라산

## 제주도는 한라산이다

한국 사람은 산의 겨레, 산의 종족山族이라고 해도 틀린 말은 아닌 것 같다. 산에 가지 않으면 몸이 근질거리고, 산에 다녀오면 개운해 일도 잘 풀린다는 사람들이 많다. 한국갤럽이 2010년 조사한 결과에 의하면, 한 달에 한 번 이상 산에 간다는 등산인구가 무려 1,800만 명에 달한다고 한다. 전체 인구의 3분의 1이 넘는 엄청난 숫자이다.

우리는 이 땅 어디서나 산을 볼 수 있고, 솟아 있는 것이라면 모두 산으로 보았다. 집 뒤에 있는 작은 동산도, 마을 앞으로 보이는 둔덕똥뫼라 불렀다도 산이었다. 이러한 산에 대한 폭넓은 공간적 인식은 세계적으로도 특이한 경우이다. 서양에서는 해발 600m 이상의 고지가 되어야만 산으로 분류한다. 그런데 우리는 심지어 바다에 떠 있는 섬도 산으로 보아 해산海山이라 했다.사실 중국도 작은 섬의 경우에는 산이름으로 부르는 경우가 적지 않다. 이 정도면 산에 눈이 씌었다고도 할 만하다.

한라산은 한반도의 대표적인 해산이다. 이중환은 『택리지』의 '해산' 편에서 이렇게 적었다. "제주의 한라산을 영주산이라고도 한

© Feth | 위키미디어 커먼스

조선 후기에 와서
한라산은 나라의 명산으로 격상되었다.
한라산이 삼신산의 하나로 널리 알려지면서
위상이 크게 변화되었기 때문이었다.

다. 산 위에 큰 못이 있는데 사람들이 시끄럽게 하면 갑자기 구름과 안개가 크게 일어난다." 한라산은 신선의 산인 삼신산의 하나이고, 산꼭대기에 백록담이 있는데 기이하고 신령스럽기가 그지없다는 것이다.

제주 사람들에게 한라산의 공간범위가 어디까지인지 물으면 뭐라고 답할까? 사실 온통 산으로 이루어진 한국의 지형에서 어디부터가 산인지 구분하기는 참 애매하고 어렵다. 한라산은 주위에 수많은 작은 오름을 거느리고 있어 더더욱 그렇다. 세 가지로 대답이

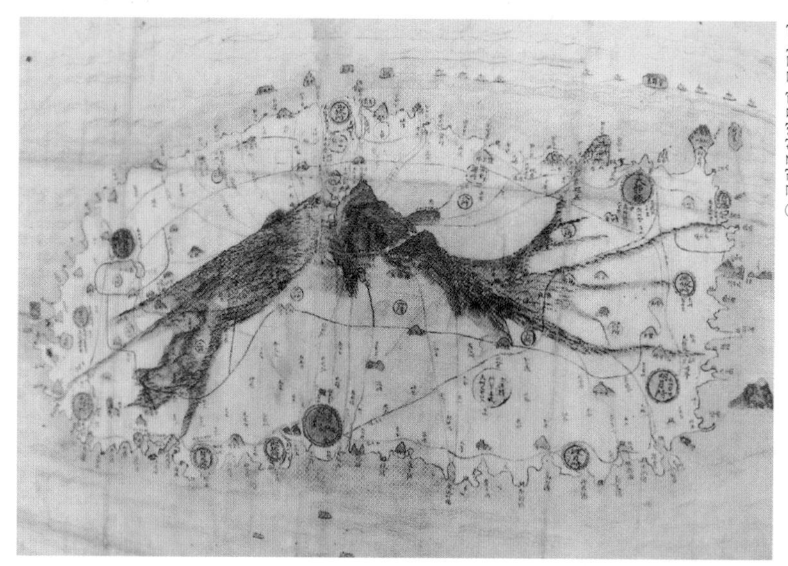


「영주산대총도」에 회화식으로 묘사된 한라산의 모습.
동서로 뻗친 거대한 단일 산줄기가 제주도 전체로 이어진 모습이다.

가능하다. 첫째, 해발 600m 이상이라는 국제적 기준. 대체로 현재의 국립공원 범위에 해당한다. 둘째, 중산간지대의 생활터전을 포함한 해발 200m 이상 지역. 셋째, 해안까지를 모두 포함한 제주도 전체. 믿기 어렵겠지만 많은 사람은 세 번째가 한라산이라고 할 것이다. 제주 사람들은 오래전부터 "한라산은 제주도이고 제주도는 곧 한라산이다"라는 말을 곧잘 써왔다. 제주도는 그 전체가 한라산, 해산인 것이다.

그러면 예전에 제주 사람들은 한라산이 어디에서 비롯되었다고 생각했을까? 누가 봐도 한라산은 사방이 바다로 둘러싸인, 외떨어진 섬에 솟은 독산獨山이다. 그런데 놀랍게도 한라산은 백두산에 연원을 두었다고 보았다. 이것이 바로 백두의 맥이 육지에서 바다

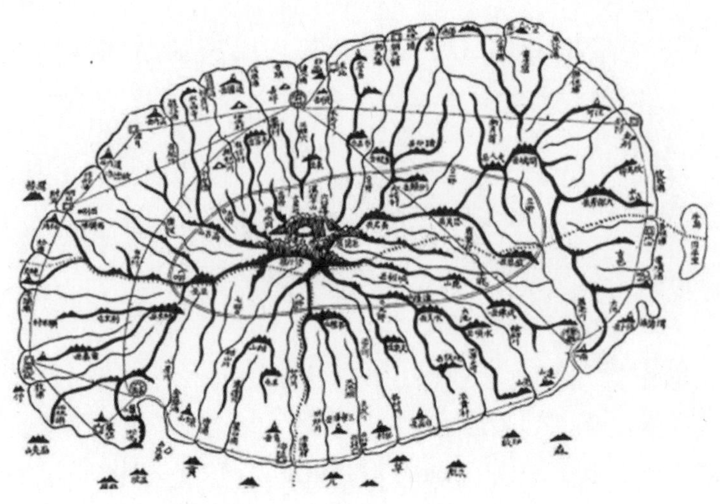

『대동여지도』에 표현된 한라산 산줄기의 연계성.
주요 오름들은 한라산과 이어져 계통적인 산줄기로 그려졌다.

를 건너 한라산까지 이어졌다는 백두산 내맥설來脈說이다. 이수광은 『지봉유설』1614에서, "백두대간의 맥이 바다로 이어져 주위의 섬이 된다"는 남사고1509~1571의 말을 긍정하면서 제주의 한라산도 그중의 하나라고 말했다. 이중환은 구체적으로 한라산의 맥을 진안 마이산에 연원을 두고 무등산에서 뻗어 내린 월출산에서 바다로 이어져 한라산에 닿는다고 했다.

한라산의 백두산 내맥설은 조선 후기 명산문화의 특징으로 꼽을 수 있다. 국토산하에 대한 자긍심과 자주의식이 생겨나고, 18세기 초반에는 백두산을 경계로 청나라와 국경 문제가 불거지면서, 백두산이 국토의 조종산祖宗山이라는 정치적 · 영토적 의의가 강조되었다. 그것이 백두산 조종론이다. 그래서 국토의 남쪽 끝에 우뚝 솟은 한라산도 백두산의 자손으로서 백두의 맥에서 기원하였다는 영역의식이 생겨났다. 이것이 당시 사회적으로 성행했던 풍수사상의 산줄기 인식과 결부되고, 또 『산경표』와 같은 국토의 산줄기에 대한 지식이 널리 확산되면서 모든 산은 심지어 섬마저도 백두산의 맥에서 이어졌다는 담론이 퍼졌던 것이다.

'인걸은 지령地靈'이라는 옛말이 있다. 우리는 인물이 땅의 정기를 타고나는 것으로 생각했다. "논두렁 정기라도 받아야 면장을 한다"는 속담도 있다. 하기야 초등학교 교가는 대부분 "○○산 정기 받아~"라고 하지 않던가? 제주도의 교가는 한라산 정기를 받는 것으로 시작하리라. 이처럼 산과 우리는 산줄기로 연결되어 있다고 믿었다. 놀라운 것은 선조들이 한반도의 산줄기 족보까지 만들었다는 사실이다. 그것이 바로 우리가 잘 아는 조선 후기의 저술 『산경표』다.

몇 해 전 중국·일본의 산악문화 연구자들과 함께 토론할 기회가 있었다. 그 자리에서 중국과 일본에도 『산경표』 같은 산족보 형식의 책이 있는지 물어보았다. 뜻밖에 없다는 대답이 돌아왔다. 중국도 산줄기에 대한 전통적인 관심은 마찬가지라서, 지방에는 일부 산줄기의 연결 관계를 지리지 등에 적고 있지만, 『산경표』와 같이 전국적인 산줄기 체계를 족보 형식으로 서술한 것은 없다고 했다. 일본은 아예 산의 맥 개념이 없단다.

그렇다! 일본을 가보면 우리와 산이 다른 것을 알 수 있다. 일본에서 산은 산이고 들은 들이다. 그런데 우리는 비산비야非山非野라고 하지 않던가? 산도 아니고 들도 아닌 산, 그것이 한국의 산이다.

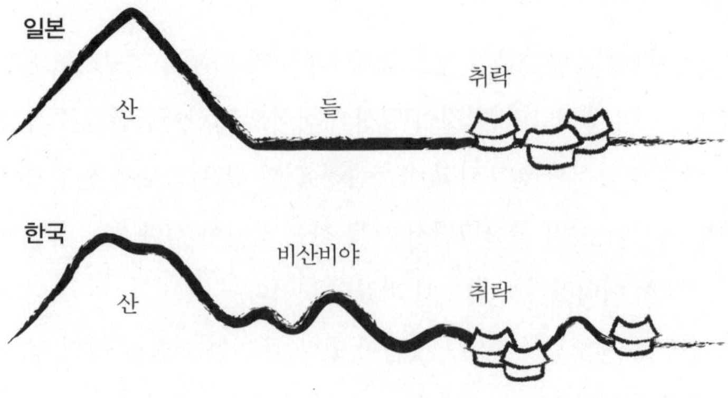


비산비야(非山非野).
산도 아니고 들도 아닌 산, 그것이 한국의 산이다.
산과 산이 이어져 있고 그 사이에 사람이 깃들어 산다.

산과 산이 이어져 있고 그 사이에 사람이 깃들어 산다. 우리 산 지형의 특징이자 정체성이다. 그래서 『산경표』가 일본이나 중국에도 없는 세계에서 유일한 산족보임을 확인할 수 있었다.

### 제주의 애환을 가슴에 묻고 새로이 도약하다

한국 사람이 산의 겨레임을 증거하는 또 다른 은유는 피붙이로 인격화된 산의 신화에도 있다. 한라산의 설문대할망이 그 주인공이다. 지리산의 노구할미와 천왕성모도 같은 맥락이다. 우리에게 산은 모계적 뿌리의 혈통으로서의 할머니신이고 어머니신이었다.

설문대할망은 몸이 엄청나게 커서 한라산을 베고 누우면 다리는 제주시 앞바다의 관탈섬에 닿았다고 한다. 제주도에는 360여 개의 오름이 있는데, 할망이 치마폭에 흙을 담아 나를 때 치마의 터진 구멍으로 조금씩 새어 흘러서 만들어진 것이며, 마지막으로

위 | 제주의 오름에 자리 잡은 묘. 봉긋한 오름의 모습을 그대로 빼닮았다.

아래 | 「제주삼현도」(『해동지도』)에 그려진 한라산 오름의사실적인 모습들. 백록담을 중심으로 크고 작은 오름들이 위치와 함께 구체적으로 표현되었다.

폐허가 된 채 남아 있는 곤을동(제주시 화북1동) 4·3 유적지.
총 60가구가 살고 있었는데 1949년 1월에 주민들이 학살되고
불태워진 이후 마을이 폐동되고 인적이 끊겼다.

날라다 부은 것이 한라산이 되었다는 신화적 존재다.

산신은 예부터 우리에게 가장 일반적이고 친숙한 신이었다. 나라에서도 명산에 산신제를 모셨고, 고을마다 마을마다 산신을 섬겼다. 겨레의 시조인 단군도 산신이다. 『삼국유사』에서, 단군은 오랫동안 나라를 다스린 후 아사달 산신이 되었다고 했다. 한국의 자연신앙에서 가장 전형적이고 대표적인 신은 천신도 해신도 아닌 산신이다.

우리의 산신은 인격화된 산신이다. 호랑이를 거느린 할아버지 산신이 연상되지만, 유교적 가부장 사회 이전에는 원래 할머니 산

신이었다. 산이 인간화된 것이다. 더구나 할머니와 같이 친숙한 존재로 말이다. 일본만 해도 인격화된 산신이 아니다. 산 자체가 신으로 신앙되는 경우가 많다. 일본 신화에서 천왕의 조상신은 아마테라스 오미카미天照大神라는 태양신이다. 우리와 같지 않다.

친족 혈통으로 표현된 산 신화에서 궁금한 것이 생긴다. 왜 한라산신의 아이콘은 할머니이고 지리산신은 어머니였을까? 주민이 자연과 관계 맺으면서 빚어진 상징 이미지의 산물이 자연설화라고 해석할 때, 할머니와 어머니의 이미지는 사뭇 다르다. 할머니가 나를 있게 한 모계적 근원이고 간접적으로 돌보는 존재라면, 어머니는 나를 직접적으로 낳고 기르는 존재이다. 한라산과 지리산의 경관 이미지가 그렇다. 제주 사람들에게 한라산은 늘 거기에 있으면서 생명과 존재의 근거가 되는 상징 경관이다. 지리산과 달리 실제적으로 그 속에 생활터전을 마련하여 어미 품속의 자식처럼 사람이 생육될 수 있는 대상은 아니다. 화산지형의 한라산지에서는 물이 부족하고 토양이 척박하기 때문에 인구와 마을이 극히 적다. 그래서 어머니산이 아니라 할머니산이다.

한라산은 우리네 할머니가 그렇듯이 온갖 삶의 신산을 겪고 난 모습으로 사람들을 지켜보는 산이다. 제주 사람들의 숱한 애환을 가슴에 묻고 침묵으로 엎드려 있는 그런 산이다. 제주 4 · 3 민중항쟁에서 검은오름, 불근오름 등 한라산지 곳곳은 봉기의 무대이자 거점이 되었다. 그 과정에서 초토화 작전이라는 무지막지한 이름 아래 3만 명에 이르는 민간인이 희생되었고, 중산간 대부분의 마을은 불타 폐허가 되었다. 그래서인지 제주 바다는 검다. 바닷물 속의

식은 용암이 제주도의 검은 현대사와 겹쳐져 비친다.

요즘 한라산은 새로운 도약기를 맞이한 듯하다. 제주도가 유네스코 세계자연유산과 세계지질공원에 등재된 데다 2014년에는 세계농업유산까지 지정되면서 한라산이 국내적인 명산을 넘어 세계적인 명산으로 거듭날 수 있는 호재를 만난 것이다.

정작 한라산이 국가의 명산 반열에 든 지는 그리 오래되지 않았다. 1418년태종 18에 와서야 전라도 나주 금성산의 예에 준하여 산제를 지내게 했다는 말이 『조선왕조실록』에 나온다. 한라산을 사전祀典에 등재하고 본격적으로 제사한 때는 1703년숙종 29에야 시행되었다. 조선 중기까지만 해도 조정에서 보는 한라산은 바다 건너 먼 지방에 있는 산일 따름이었던 것이다.

조선 후기에 와서야 한라산은 나라의 명산으로 격상되었다. 그 무렵 한라산이 삼신산의 하나로 널리 알려지면서 위상이 크게 변화되었다. 여기에는 사회정치적인 배경도 있었다. 임진왜란과 병자호란을 겪고 난 후 변방에 대한 영토·영역 의식이 높아졌고, 제주 지역에 대한 중앙정부의 통치지배력이 강화되었기 때문이다. 이렇듯 한라산의 역사는 제주도의 역사와 뗄 수 없는 관계에 있다. 산의 역사는 사람의 역사다.

# 빼어난 미인, 설악산

## 흰 얼굴로 숨어 있는 미인

사람들은 미인을 좋아한다. 산도 유독 아름다운 미인 같은 산이 있다. 한국의 산에서 미인을 꼽으라면 단연 설악산이다. 설악산의 빼어난 자태는 인제에서 한계령을 넘어가다 보면 확연히 느낀다. 속초의 미시령에서 하늘 높이 펼쳐져 있는 울산바위를 만나면 아름다움을 넘어 경이롭기까지 하다. 단풍이 붉게 물든 늦가을에 외설악 깊숙이 들어가보면 황홀한 경치에 정신을 잃을 지경이다. 신선이 승천했다는 비선대에서 조금만 더 나아가면 그만 속세를 떠나고 싶어진다. 청초호, 영랑호에서 보는 설악의 장쾌함과 멋들어짐도 압권이다. 회색빛 호수와 어우러진 흰 눈의 설악은 형용할 말길이 끊긴다. 산천미인도가 따로 없다.

그래서인지 설악산은 한국의 산에서 가장 인기가 좋다. 2014년에 설악산을 찾은 사람은 국립공원 통계로 362만 8,508명이나 되었다. 서울과 가까운 북한산을 제외하면 전국 17개 산의 국립공원 중에서 1등을 차지한다. 그런데 왜 설악산이 미인일까? 미인이 되기 위한 산의 조건은 무엇인지, 어떤 산을 미인이라고 하는지 그 심미적 관점을 살펴보자.

미시령에서 본 울산바위.
원래 울산바위의 옛 이름은 이산(籬山)이었다. 우리말로 울(타리)산이라는 뜻이다. 거대한 바위가 마치 울타리처럼 펼쳐져 있는 생김새로 이름 지어졌다.

산이 미인이려면 돌산이어야 한다. 그래야 멋있고 화려하다. 풍화가 잘 되는 화강암 산지가 그렇다. 봉우리가 우뚝우뚝하고, 기암절벽이 여기저기 위용을 다투며, 계곡은 이리저리 휘돌고, 폭포는 세찬 물줄기를 내리꽂는, 그야말로 다채로운 산악경관이 파노라마처럼 펼쳐져야 한다. 설악산이 그렇고 월출산이 그렇다. 천하의 금강산과 중국의 황산이나 장가계는 말해 무엇하겠는가? 여기에다 물과 어우러지면 더 좋다. 금강산도 해금강이 겸비되어서 아름다움을 더하고, 설악산도 여러 호수를 거느리고 있어서 금상첨화다. 산·수·바위가 어우러져 빚어내는 절경의 산천미학이라고나 할까?

옛사람들은 이러한 산을 기이함과 빼어남으로 보았다. 조선 중

설악산과 속초 그리고 동해바다. 속초는 설악산을 병풍처럼 두르고
푸른 동해바다를 앞에 둔 아름다운 도시다.

기의 문신 김수증1624~1701은 설악산을 한마디로 일러 "예부터 신이하고 빼어난 산"이라고 「유곡연기」에서 찬탄했다.

게다가 돌의 색깔도 밝은 흰색이면 더욱 좋다. 그래서 설악산은 미백 미인이다. 뽀얀 살결의 여인이 뭇 남자의 마음을 설레게 하듯이, 설악산의 봉우리나 계곡의 암반은 모두 흰빛으로 맑고 환한 느낌을 준다. 화강암이 오랜 세월 마모되어 노출된 산체이기 때문이다. 설악이라는 이름도 산이 온통 눈같이 하얘서 유래되었다는 견해가 옛 글에 많다.

조선 전기 생육신의 한 사람이었던 남효온1454~1492은 설악산과 금강산을 유람한 후, "설악산의 수십 봉우리가 모두 흰 봉우리를

외설악 비선대에서 바라본 장군봉, 형제봉, 적벽.
단풍이 붉게 물든 늦가을에 외설악 깊숙이 들어가보면
황홀한 경치에 정신을 잃을 지경이다.

드러내고, 시냇가의 돌과 나무도 모두 흰색이어서, 세상에서 설악산을 소금강산이라 하는 말이 결코 헛말이 아니다"라고 「유금강산기」에 적었다.

예전에 설악산은 숨은 미인이었다. 조선 후기의 문신인 홍태유 1672~1715는 「유설악기」에서, 금강산의 명성은 중국까지 퍼졌으나 설악산의 승경은 우리나라 사람이라도 아는 사람이 적으니, 산 가운데 은자라고 했다. 큰 나무가 두드러지듯, 설악산은 조선시대까지 금강산에 가려 널리 알려지지 못했던 것이다.

그러면 설악산 같은 돌산과는 달리 흙산은 어떤 아름다움으로 볼까? 두툼하고 살진 흙산은 복스럽고 덕스러운 산으로 보았다. 산의 규모가 크면 장중함으로 비쳤다. 지리산은 대표적인 흙산이고 덕산이다. 실제로 덕산德山은 지리산의 또 다른 이름이다. 덕유산德裕山도 그 이름처럼 덕성스럽고 넉넉한 모습을 하고 있다. 태백산, 소백산 등도 덕산으로 분류된다. 남사고가 소백산을 지나가다가 말에서 내려 사람을 살리는 산이라고 넙죽 절을 했다는 일화는 유명하다.

서산대사 휴정1520~1604은 조선의 네 명산을 들어서 빼어남과 장중함을 다음과 같이 비교했다. "금강산은 빼어나지만 장중하지는 않고, 지리산은 장중하지만 빼어나지는 못하며, 구월산은 빼어나지도 장중하지도 못하고, 묘향산은 빼어나기도 하고 장중하기도 하다." 서산대사의 눈에 설악산은 어떻게 비쳤을까? 아마 설악산도 빼어나지만 장중하지는 않다고 평하지 않았을까.

### 빼어나서 외롭고 아름다운 산

아름다움에 대한 심미적인 관점은 지역에 따라 다르고 시대에 따라 변하기 마련이다. 중국과 한국의 미인상은 같지 않고, 조선시대 미인과 현대 미인의 기준도 다르다. 사람의 사상적 성향과 계층에 따라서도 차이가 난다. 산을 보는 눈도 그랬다. 미인관은 사람이나 산이나 크게 다를 바 없는 것이다.

중국의 미인상은 두 유형이 있다. 당나라의 양귀비 같은 살집 있는 글래머형이 있고, 삼국지에 나오는 초선이나 한나라의 조비연과 같이 날씬한 슬림형이 있다. 양귀비는 풍만한 모란꽃으로, 초선과 조비연은 바람에 하늘거리는 버들로 흔히 비유되었다. 양귀비의 미모에 꽃들도 부끄러워 고개를 숙였고, 초선을 보자 달이 구름 뒤로 숨었으며, 조비연은 춤추다 바람이 불자 허리가 휘청했다고 하니, 중국인들의 과장법에 혀를 내두를 정도다. 산으로 보자면 흙산은 양귀비고, 돌산은 초선이나 조비연이다.

조선의 미인상은 신윤복1758~?의 「미인도」에서 그 기준을 잘 보여준다. 우선 몸은 통통해야 했다. 그래야 복스럽다고 했다. 얼굴도 동글동글하고 코도 턱도 둥근 것이 미인의 조건이었다. 안젤리나 졸리의 도톰한 입술과 메간 폭스의 잘빠진 턱처럼 서구적인 미인형을 선호하는 요즘 남자들의 미인관과는 한참 동떨어진다. 유학자들도 빼어남보다 덕스러움을 더욱 칭송하였다. 조선시대 미인관을 기준으로 산을 보자면 석산보다는 토산을 선호하였을 것임을 알 수 있다.

사실 미인은 밖에서 볼 때는 꽃처럼 아름답지만 정작 자신은 외롭다. 빼어난 경치의 돌산도 그렇다. 화강암 산지는 볼거리는 많지만, 토양층의 형성이 어렵다. 그러다 보니 초목이 잘 자라지 못해 생태계도 빈약한 편이다. 무엇보다 사람들이 살 만한 농경지가 부족하다. 설악산 속에는 마을이 거의 없고 인구가 희소한 이유가 이 때문이다. 그러나 덕유산이나 지리산처럼 흙산은 화려한 멋은 없지만 물도 넉넉하고, 동식물의 생태는 풍요로우며, 생활터전도 얼마든지 마련할 수 있다. 사람들이 모여 살 수 있는 산인 것이다.

한국의 흙산과 돌산을 대표하는 지리산과 금강산이 어떻게 다른지, 『두류전지』를 편찬한 김선신1775~?은 이렇게 한마디로 대비

신윤복의 「미인도」.
조선시대 미인상의
전형을 보여준다.

금강굴에서 바라본 설악산 천불동 계곡의 탈속적인 자태.
이 광경을 보는 누구라도 그만 속세가 덧없어지기 마련이다.
장소가 주는 강력한 힘이다.

한 적이 있다. "지리산에는 풍요로운 물산이 나기에 수많은 사람이 살고 여러 고을이 입지했으나, 금강산에는 농경지도 백성도 없어 사람들이 번성할 수 없고 재화가 교환될 수 없는 점에서 다르다." 정곡을 찌르는 말이다.

### 위상도 공간도 이름도 시대에 따라 변한다

설악산은 일찍이 신라시대부터 지방 명산의 반열에 들어 산천제의 대상이 되었다. 전국 24명산의 하나로 소사小祀를 지냈다고 『삼국사기』는 적고 있다. 고려와 조선 전기에도 지방 명산의 지위는 계속 유지되었다. 이윽고 설악산은 조선 후기의 저술인 이중환의 『동국산수록』1751에서 '나라의 큰 명산'에 올랐다. 이중환은 금강산을 제1명산으로, 설악산, 오대산, 태백산, 소백산, 속리산, 덕유산, 지리산을 국토의 등줄기에 있는 명산이라고 했다. 또한 성해응 1760~1839의 『동국명산기』에도 설악산은 수록되었다.

조선 후기의 지식인들에게 설악산은 지방 명산에서 나라 명산으로 격상된 것이다. 여기에는 당시 명산유람 문화가 지식인들에게 크게 유행하면서 설악산의 빼어난 경치가 널리 알려진 것이 이유가 되었다. 그리고 국토 산줄기에 대한 사회적 인식이 높아지고 그 중추인 백두대간의 중요성이 부각된 것도 또 다른 배경이 되었다. 설악산은 백두대간의 허리에 자리하면서 위로 금강산과 아래로 오대산을 이어주는 중요한 위치에 있기 때문이다.

흥미로운 사실은, 오늘날 우리가 알고 있는 설악산의 공간범위는 조선시대와 달랐다는 점이다. 현재의 설악산을 기준으로 북쪽 권역이 설악산이고, 남쪽 권역남설악은 한계산이라는 다른 산이었다. 울산바위도 지금은 설악산의 일부이지만 조선시대에는 천후산天吼山이라는 다른 이름으로 불렸다. 바람이 세게 불면 바위에 부딪쳐 소용돌이치면서 마치 하늘이 울부짖는 듯 소리가 난다고 하여 유래되었다.

조선 후기에 이르면 설악산이 한계산, 천후산을 포함하는 대표 지명으로 쓰인다. 현재의 설악산 공간범위는 그때부터 시작된 것이다. 인제에서 남설악으로 들어가는 고개인 한계령도 조선시대에는 오색령이라고 달리 불렀다. 한계령이라는 이름은 19세기 중엽

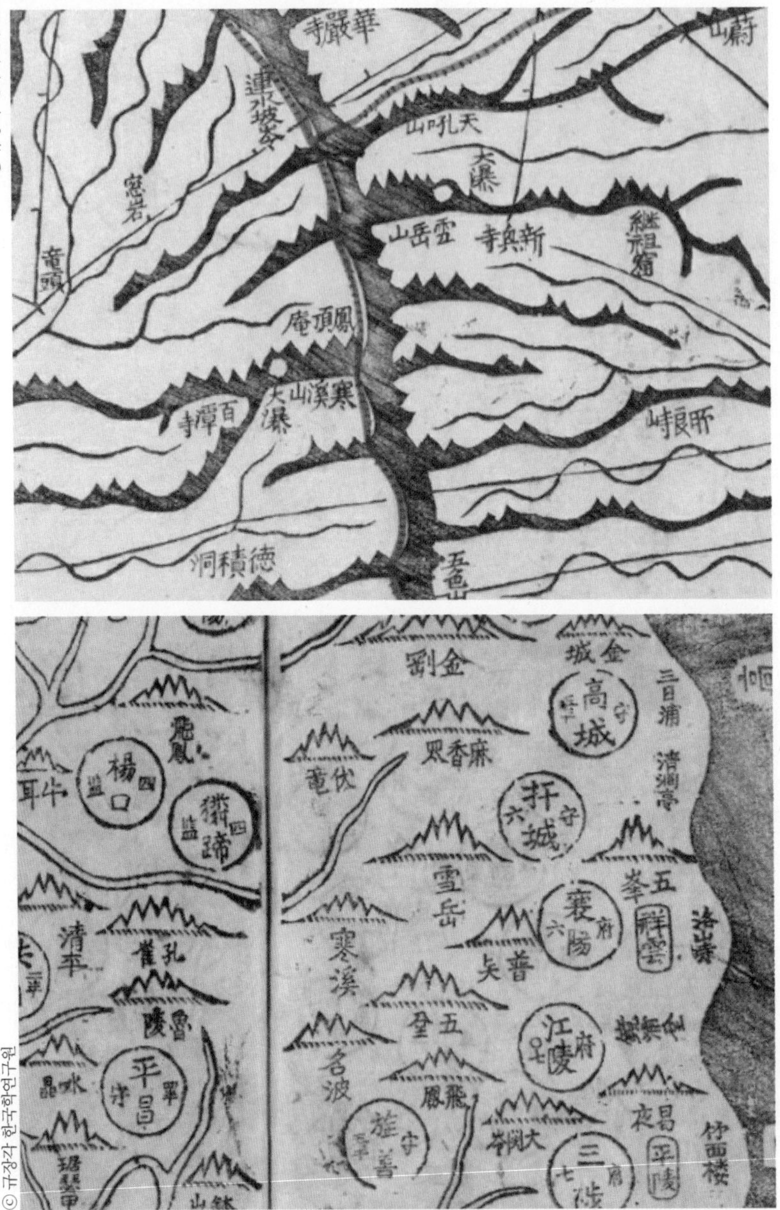




위 | 김정호의 『대동여지도』에 표현된 설악산 권역.
천후산(울산바위), 설악산, 한계산(남설악)으로 나뉘어
현재의 설악산 범위와 달랐음을 알 수 있다.

아래 | 조선 후기의 『여지도』(강원도)에 표현된 설악산 권역.
현재의 남설악은 한계산이라는 다른 산으로 표시되었다.

흰빛을 발하고 있는 거대한 울산바위의 위용은
신성한 분위기로 보는 사람을 압도한다.

의 고지도부터 오색령과 함께 등장한다. 이렇듯 산 이름과 영역은 시기적으로 변화하는 속성을 다분히 가지고 있다.

울산바위라는 이름의 유래와 뜻이 변화한 모습도 알고 보면 재미있다. 설악산에 웬 울산바위일까? 원래 울산바위의 옛 이름은 이산籬山이었다. 우리말로 울(타리)산이라는 뜻이다. 거대한 바위가 마치 울타리처럼 펼쳐져 있는 생김새로 이름 지어졌다. 그런데 후대에 와서 울(타리)산이 지역명 울산으로 와전된 것이다.

여기에는 이야기꾼이 지어낸 울산바위 설화도 큰 몫을 했다. 옛날 하느님이 금강산을 빚으려 할 적에 전국에 잘생긴 바위는 모두 불렀는데, 경남 울산에 있던 어느 바위도 그 말을 듣고 금강산으로 향했다는 것이다. 그런데 바위의 덩치가 워낙 크다 보니 속도가 느려 설악산쯤에 도착했을 때는 이미 금강산 일만이천 봉이 다 이루어진 후였다. 그래서 그대로 설악산에 눌러 앉은 것이 지금의 울산바위라는 것이다. 울타리산 바위를 경남 울산의 바위로 바꿔버린 기막힌 스토리텔링이다.

# 융프라우와 옥녀봉 사이

## 젊은 처녀의 산

융프라우Jungfrau라는 익히 알려진 산이 있다. 스위스의 유명한 관광지인 이 산은 신이 빚은 알프스의 보석이라고 칭송받는다. 일찍이 2001년에 세계자연유산으로 지정된 영예로운 산이기도 하다. 높이 4,158m의 설산인 융프라우를 보노라면 산체가 거칠고 높아 숨이 멎을 듯 압도적이다. 재미있는 사실은 산의 모양새와는 달리 이름의 뜻은 '젊은 처녀'라는 점이다독일어 Jung은 영어로 Young이고 Frau는 Woman이다. 처녀산이다.

한국에도 옥녀봉玉女峰이라는 산이 있다. 같은 처녀산이다. 옥녀는 말 그대로 옥처럼 마음과 몸이 정결한 여인이다. 나지막이 솟아 있는 옥녀봉은 인근에서 하나 정도는 있는 흔한 산이다. 산림청 조사 통계2007에 의하면, 전국의 가장 많은 산 이름을 꼽아보니 봉화산47개, 국사봉43개, 옥녀봉39개, 매봉산32개, 남산31개 순이었다. 옥녀봉은 3등을 차지했다. 그런데 이것은 지도상에 표기되어 있는 이름만 집계한 것이라 실제는 누락된 것이 많다. 2012년 발표된 논문에 따르면, 광주시와 전라남도에만도 80여 개의 옥녀봉이 나타난다고 한다. 아마도 전국의 옥녀봉을 집계하면 수백 개는 될 것이다.

오른쪽 가장 높은 봉우리가 융프라우.
왼쪽으로 아이거(Eiger, 3,970m), 묀히(Mönch, 4,107m)가 보인다.
지구온난화로 알레취 빙하가 급속도로 줄어들고 있다(2015년 7월 촬영).

수적으로 가장 많고 가장 일반적인 산 이름인 것이다.

융프라우 설산은 젊은 처녀처럼 순결하고 자신을 열어 보이지 않는 이미지다. 산 밑에서는 아무리 날씨가 화창하더라도, 하늘장벽처럼 높이 솟은 융프라우는 구름 베일로 희디흰 알몸을 열었다 감췄다 하는 경우가 다반사란다. 스위스 사람들에게 "융프라우는 알몸을 보여주지 않는다Jungfrau zeigt nicht seine nackt Körper"는 말이 있을 정도다.

우리 옥녀봉은 어떤 모습일까? 순하고 어수룩하지만 질투도 있는 시골 처녀다. 봉긋한 산의 생김새도 옷깃을 여미고 다소곳이 앉아 있는 처녀의 모습과 닮았다. 엉뚱하지만 판소리 가루지기타령의 변강쇠와 옹녀도 옥녀다. 소리꾼은 옥녀의 매력으로 남심을 끌어당긴다. 이런 모습이다.

> "평안도 월경촌에 계집 하나 있으되, 얼굴로 볼작시면, 춘 이월 반개도화半開桃花 옥빈玉鬢에 어리었고, 초승에 지는 달빛 아미 간에 비치었다. 앵도순櫻桃脣 고운 입은 빛난 당채 주홍필로 떡 들입다 꾹 찍은 듯, 세류細柳같이 가는 허리 봄바람에 흐늘흐늘……"

융프라우와 옥녀봉 사이에는 공통점이 있다. 산이 젊은 여인으로 의인화되었다는 것이다. 우리 주변에 의인화된 산 이름은 숱하게 많다. 국사봉도 그렇고, 장군봉도 그렇다. 인간화된 산이요, 사람의 산이 된 것이다. 옥녀봉이 유래된 이유 중 하나로, "산 건너편에 왕자봉이 있는데 여자산이 있어야겠다" 해서 옥녀봉이라 이름붙인 경우도 있다.김해 장유면 우리네 산 이름짓기 심성이 잘 엿보이는 이야기다. 동아시아는 물론 유럽과 다 비교해보아도 의인화된 산 이름을 가장 많이 가진 나라는 한국인 것 같다.

처녀산이라는 뜻을 알고 나서 융프라우와 옥녀봉을 바라보면 산이 다르게 보일까. 스위스의 구조주의 언어학자 소쉬르1857~1913는 언어의 속성을 기호체계로 정의했다. 기표와 기의가 결합되어 전달된다는 것이다. 그렇다면 융프라우와 옥녀봉은 산이라는 지형과 처녀라는 의미가 뭉뚱그려져 사람들에게 전해질 것이다. 산 이름의 기표를 듣고 보면서 마음속으로는 처녀라는 기의를 같이 떠올리게 되는 것이다. 김춘수의 「꽃」이라는 시처럼 그의 이름을 불러주었을 때, 두 산은 젊은 여인의 이미지로 변신한다. 이제 융프라우와 옥녀봉은 그냥 산이 아니다. 젊은 여인의 산인 것이다.

### 시집간 여인이 옥녀봉에 오르면 동티가 난다

옥녀봉은 처녀 이미지로 변신만 하는 것이 아니다. 집단공동체의 공유지식과 사회윤리 의식으로도 발전되고, 풍수적인 텍스트로 구성되면서 환경의식이나 태도도 변화된다. 옥녀봉이라는 기표의 텍스트는 2차적으로 지명, 설화, 의례, 상징, 풍수 등의 계기적인 기의를 발생시킨다는 데에 묘미가 있다.

경남 함안에 이열耳悅이라는 마을이 있다. 귀가 즐겁다는 뜻이다. 옥녀봉 덕분이다. 옥녀봉 위에서 옥녀가 풍월을 읊으니 마을사람들이 듣고 즐거워했기에 이름 지어진 것이란다. 옥녀봉 정기를 타고난 유명인사도 등장했다. 원불교의 창시자 박중빈1891~1943이 주인공이다. 고향인 전남 영광 옥녀봉의 정기를 받았단다. 전국 곳곳의 옥녀봉에는 다양한 풍수 형국도 생겼다. 옥녀가 베를 짜는 형국옥녀직금형도 있고 거문고를 타는 형국옥녀탄금형도 있다. 옥녀가 머리를 풀어헤친 형국옥녀산발형도 있고 아랫도리를 벌리고 있는 형국옥녀개화형도 있다. 또한 옥녀봉 아래에는 반드시 샘이 난다. 성적인 이미지를 묘하게 연상시킨다.

융프라우와 옥녀봉의 공통점은 또 있다. 융프라우는 산 아래에 사는 사람들을 품고 보호해주는 거룩한 산이라는 속담이 있다. 옥

마을에서 본 통영 사량도의 옥녀봉.
봉긋하게 솟아오른 옥녀봉의 전형적인 모습이다.

녀봉도 지역에 따라 마을을 수호하는 여산신으로 주민들에게 인식된다. 경남 거제의 칠천도에 있는 옥녀봉이 그렇다. 칠천도의 주민들은 이 옥녀봉을 섬의 산신으로 모시고 매년 산신제를 지냈다. 그런데 40여 년 전에 동제를 한 번 지내지 않았더니 마을에 질병이 나돌아 사람들이 많이 죽었다고 한다. 같은 여자라도 처녀와 할머니가 다르듯이 처녀산신과 할머니산신은 다르다. 노고나 마고 같은 할머니산신과 달리 옥녀봉 처녀산신은 질투가 많기 때문이다. 처녀산신은 과부나 노처녀의 원령이라서 "시집간 여인이 옥녀봉에 오르면 동티가 난다"는 말도 생겼다. 융프라우의 변덕과 크게 다를 바 없다.

융프라우와 옥녀봉 사이에는 차이점도 많다. 규모와 높이 그리고 모습이 뚜렷하게 다르고, 처녀산이라는 이미지로 이름 붙인 사람들의 의식도 크게 다르다. 융프라우와는 달리 옥녀봉은 주민들의 삶과 생활 속에 있는 산이란 점도 중요하다. 그래서 산이 지닌 여성성의 의미도 더 다양하고 풍요롭다. 지역주민의 이야기를 들어보자. 옥녀봉 때문에 여자들이 예쁘고 미녀들도 많단다. 가조도 주민 이야기다. 처자들이 예쁘다고 관기로 모조리 뽑혀가서 산 아래에 있는 옥녀샘을 막아버렸다. 그러자 미인이 안 나더란다. 통영 주민 이야기다.

그뿐만 아니다. 옥녀봉은 다산을 상징하는 의미로도 나타나고, 순결을 지키는 효녀로서의 교훈적인 여성상으로도 나타난다. 통영 사량도에 있는 옥녀봉281m이 그렇다. 봉긋하게 솟은 모양이 영락없는 옥녀의 자태다. 정상의 둥그스름한 봉우리가 여인의 가슴을 닮았다고도 하고, 산의 지맥이 옆으로 팔을 펼치고 있어서 옥녀가 거문고를 타고 있는 형국이라고도 한다. 여기에는 이런 애처로운 이야기가 전해진다.

첫딸을 낳은 부부가 오순도순 살다 부인이 죽게 되었다. 홀아비는 외동딸 옥녀에게 정을 붙이고 살았고, 옥녀는 착하고 효성이 지극했다. 그런데 아비는 딸이 커갈수록 외로웠고, 딸의 성숙한 몸에 딸이라는 사실마저 깜빡깜빡 잊어버릴 때도 있었다. 그러던 어느 여름 밤, 비바람이 몰아치던 날이었다. 아비는 욕정을 참지 못하고 결국 딸의 방으로 뛰어들어갔다. 착하고 영리한 옥녀는 눈물로 아비를 말리다가 이렇게 말했다.

"아버지, 제가 뒷산 먼당바위 벼랑에 올라가 있을 테니 뒤따라 올라오세요. 올라오면서 소 멍석을 둘러쓰고 음메음메 소 울음을 내야 합니다. 그래야만 저도 짐승처럼 아버지를 맞이할 수 있습니다." 산꼭대기로 오르는 과정에서 격정이 가라앉고 제정신이 들기를 바랐던 딸의 지혜였다. 그러나 아버지는 끝까지 소 울음소리를 내면서 따라왔고, 그 모습을 보면서 한없이 울던 옥녀는 이내 천길 벼랑 아래로 몸을 던져버리고 말았다. 그래서 이 산을 옥녀봉이라고 하고, 벼랑바위 바닥에는 지금도 검붉은 이끼가 피어 있어 선혈처럼 보인다.

근친상간을 경계하는 성도덕의 윤리를 빗댄 설화이다. 옥녀봉 주변의 마을에서는, 얼마 전까지만 해도 죽은 옥녀의 원혼을 달래기 위해 혼례 때 신랑·신부가 맞절을 하지 않는 것이 오랜 풍습으로 남아 있었다고 한다.

오늘날 두 나라 처녀산의 처지는 달라도 아주 다르다. 스위스의 융프라우는 세계의 미인세계자연유산이 되어 누구나 꼭 한 번은 가보고 싶어하는 산이다. 관광자원으로서 경제적인 가치만 해도 어마어마하다. 산 아래 푸른 초원에 흩어져 있는 마을에는, 사운드 오브 뮤직The Sound of Music의 춤과 알프스 소녀 하이디의 요들송이 울려 퍼지는 낭만이 인다. 그러나 한국의 옥녀봉은 한국 사람도 찾지 않는 노처녀가 되어버렸다. 산 아래는 초겨울 찬 서리에 낙엽 지듯 비어가는 집들과, 젊은이는 모두 빠져나가고 고령화된 주민들만 쓸쓸하다.

산 위에서 본 통영 사량도 옥녀봉.
옥녀가 천길 벼랑 아래로 뛰어내린 설화의 현장이다.

옥녀봉이 지닌 숨은 가치는 우리가 제대로 알아서 매겨야 하지 않을까. 전국의 수많은 옥녀봉에 담겨 있는 이야기와 콘텐츠는 풍부하다. 그런 옥녀봉이지만 지금껏 주목하는 사람들은 드물다. 요즘처럼 별의별 지역축제가 많은 시절에 옥녀봉 축제라도 하나 만들면 어떨까. 유일하게 통영 사량도에서는 2004년부터 옥녀봉등반축제가 개최되는데, 정작 주인공인 옥녀봉은 뒷전이고 등산에만 초점을 맞추는 행사라 아쉽다. 곳곳에 있는 옥녀봉을 강강술래하듯 연결하여 옥녀봉 술래길이라는 루트를 만들면 또 어떨까. 전국에 수백 개가 넘을 옥녀봉을 모두 조사하여 옥녀봉 사전과 지도를 만들어도 재미있지 않겠는가.

아직 어디가 어딘지 지도에 오르지도 못한 옥녀봉들이 숱하다. 세계적으로 풍요로운 우리 산의 문화콘텐츠이지만, 하루바삐 조사하여 이야기를 채록하지 않으면 사라져버릴 것이다. 마을사람들의 삶 속에서 애환을 같이했던 정겨운 옥녀봉도 영영 잊히고 말 것이다. 해가 갈수록 노처녀 마음처럼 초조하기만 하다.

# 마이산 파노라마

## 봉황이 부리를 일으킨 듯, 용의 귀가 잠긴 듯

한국에서 가장 특이한 산을 꼽으라고 한다면 아마도 전북 진안의 마이산이 첫째일 것 같다. 어마어마한 두 개의 돌봉우리가 희한한 모습으로 솟구친 마이산을 보면 놀라지 않을 사람이 없다. 진안의 지역주민들은 마이산을 어떻게 생각할까? 괴이한 산으로 받아들일까? 오래도록 마이산을 어떻게 보고 대했고, 어떤 관계를 맺어 지금에 이르렀는지, 마이산이 품고 있는 문화사에서 그 대답을 찾아보기로 하자.

마이산은 경관이나 지형 · 지질 등의 여러 측면에서 이질적이라고 할 만큼 두드러진다. 경관이 특이하다 보니 2003년에 국가 명승 제12호으로도 지정되었다. 지형 · 지질적인 형성 원인도 남다르다. 1억 년에 걸쳐 원래 호수의 바닥에 퇴적되어 굳어 있던 것이 지각운동에 의해 융기하면서 침식되고 남은 모습으로 밝혀졌다. 자갈, 모래, 흙이 콘크리트 반죽처럼 쌓인 봉우리 역암층礫巖層으로는 그 규모가 국내뿐만 아니라 세계적으로도 유례를 찾기 힘들다고 한다.

마이산에 대한 역사적 인식을 살펴보면 흥미롭기까지 하다. 마이산처럼 기이한 산, 신령한 산, 꺼림칙한 산 등 여러 시선의 파노라마가 다채롭게 드러나는 산이 또 있을까 싶다. 여기에는 각각의 사회문화적 시선과 견지가 반영되어 있다.

마이산의 생김새를 기이하다고 본 것은 옛사람이라고 예외는 아니었다. 김종직1431~1492은 마이산을 보더니 "하늘 밖으로 떨어진 기이한 봉우리, 뾰족한 한 쌍이 말의 귀와 같네"라고 놀라워했다. 조구상1645~1712은 "옥 봉우리 쌍으로 서서 높은 하늘에 꽂혔구나"라고 감탄했다. 운무를 걸치고 있는 마이산의 모습은 신비스러움으로도 비쳤다. 조찬한1572~1631은 이를 보고, "봉황이 부리를 일으킨 듯, 용의 귀가 잠긴 듯"하다고 비유했다. 이 모두 사대부 지식인 계층이나 외부 유람객이 마이산을 본 시선이다. 마이산을 구경의 대상으로 보고 놀람과 감탄으로 반응하는 패턴이다.

마이산의 신비스러운 외양은 지역과 국가의 신앙적인 숭배로 이어졌다. 산에 인접한 외사양마을과 화전꽃밭쟁이마을 주민들은 가뭄이 들어 비를 기원할 때 마이산 꼭대기에 올라가서 기우제를 지냈다. 신령한 산靈山이었기 때문이다. 이미 국가적으로도 마이산은 신라시대부터 나라의 제사를 받은 명산이었다. 『삼국사기』에 소사小祀의 대상이었다는 기록이 있다. 마이산 산제사는 고려와 조선 후기까지도 이어진 듯하다. 영조 때 편찬된 『문헌비고』1770에, "지금도 봄, 가을에 제사를 지낸다"고 적고 있기 때문이다. 그것이 조선 말부터 일제강점기를 거치며 흐지부지되다가 1984년에 다시 마이산신제로 부활되었다. 마이산의 신성성에 대한 주민들의 집단무의식이 유지되어 지역공동체 차원에서 재현되고 있는 것이다.

마이산이 주는 장소 이미지는 종교적 신성과 결합하여 요소요

마이산과 진안.
말의 귀와 같은 모습으로 솟아 있다.
진안 주민들이 마이산에 대해 느끼는 감정은 가지각색이다.

소에 상징경관이 형성됐다. 예부터 마이산은 기도터로 유명했다. 마이산에 있었던 혈암사穴巖寺, 쇄암사碎巖寺는 『신증동국여지승람』에도 기록된 옛 절이었다. 마이산하면 빼놓을 수 없는 돌탑군도 우뚝 선 암·수마이가 빚어내는 분위기와 연관하지 않고선 상상할 수 없는 조형물이다. 숫마이봉 아랫도리에는 천연동굴이 있고 맑은 샘이 나오는데, 그 동굴에도 화엄굴또는 화암굴이라는 불교적 명칭이 생겼고, 샘물을 마시면 득남한다는 신비로운 전설도 붙었다.

상반된 의미로 마이산은 기괴한 생김새 때문에 꺼림칙한 산으로 인식되기도 했다. 마이산의 기이함은 보는 이에 따라 거부감으로도 비쳤던 것이다. 그래서인지 마이산을 둔 고을이름도 '진정시키고 안정시키다'는 뜻의 이름인 진안鎭安이라고 불렀다. 신라 왕

마이산 운해.
하늘 너머 다른 세상에 떠 있는 섬인 듯하다.

ⓒ이병용

마이산 탑사(塔寺).
암마이와 숫마이 사이에 수많은 돌탑군과 함께 서 있다.

조 때의 일이다. 고려와 조선에서도 마이산에 대한 중앙 권력층의 경계의식은 계속됐다. 고려 태조는 금강 이남 지방은 산의 모양과 땅의 형세가 왕도를 등지고 거역한다고 「훈요십조」에서 말했다. 조선조에는 여기에 말이 더해져서, 계룡산에서 마이산으로 이어지는 산줄기와 금강의 물줄기가 활과 화살 모양公자을 이루어, 개성뿐만 아니라 한양까지 겨누는 형국이라고 했다. 이익의 『성호사설』에 기록된 이야기다.

이런 시선대로라면 계룡산은 서울을 겨누는 화살촉이고, 마이산맥인 금남정맥 줄기는 화살대며, 마이산은 화살대 끝의 시위를 먹이는 오늬인 셈이다. 중앙의 정치권력이 지역적 편견을 의식해 마이산을 보았던 시선이다.

### 기괴함과 평범함, 생활공간 마이산

같은 마이산이라도 보는 시선과 대하는 태도는 사회적 계층에 따라, 문화적 관점에 따라 다르고 시간적·공간적으로도 달랐다. 외부 유람객과 내부 주민들의 견지도 같지 않았다. 진안의 초등학교 학생들에게 미술시간에 마이산을 그리라고 했더니 사는 곳에 따라 모두 다른 모습으로 그렸다는 재미난 이야기도 있다. 지역주민들이 마이산을 보는 내부 시선은 어떻게 나타날까? 친밀하고 친숙하게 보는 점이 크게 다르다.

마이산 두 봉우리로 이루어진 생김새는 암수에서 나아가 부부나 부모로도 인식되었다. 암마이686m·숫마이680m로 본 것은 일반적인 시선이라고 할지라도, 부부 산신이라는 전설은 진안 지역에만 구전되는 것이다. 부부 산신이 승천할 새벽 무렵에 한 아낙네가 물을 길러 왔다가 "산이 하늘로 올라간다"고 외치는 바람에 그만 지금 모습대로 주저앉았다는 이야기다. 한국에 산의 수만큼 많은 산신이 있고, 할머니·할아버지·처녀 산신은 있어도 부부 산신은 마이산의 독특한 사례다. 세계적으로도 부부 산신 민담은 희귀한 사례임이 분명하다.

또한 진안 지역에서는 마이산 두 봉우리를 어미봉母峯·아비봉父峯으로도 불렀다. "동쪽 것은 아비이고 서쪽 것은 어미로, 서로 마주 보고 있다"는 것이다. 『진안지』의 기록이다. 한국에 어미산母山과 형제봉은 흔히 있지만, 어미봉·아비봉이 나란히 있는 경우는 한국에서도 찾기 어렵다. 지역주민이 아니고선 이렇게 부부나 부모처럼 가족 개념으로 마이산을 보고 대하기는 어려운 일이다.

지역주민들에게 마이산은 늘 보아서 삶 속에 들어 있는 생활공간이었다. 생활 속의 마이산을 들여다보자. 진안읍 반월리 주민들은 논밭에서 일을 하다가 마이산과 해의 거리를 보고 시간을 짐작했단다. 마이산이 해시계인 셈이다. 어떤 마을에서는 비가 오지 않아 다급할 때 마이산을 과감히 이용하기도 했다. 암마이산 정상에 올라가서 하늘 제사를 지낸 후 돼지를 잡아 피를 흩뿌렸던 것이다. 신성한 명산을 더럽혔으니 천지신명이 노해서 비를 내려줄 것이기 때문이다. 외사양마을 주민 이야기다. 마이산을 구경 왔던 사람이 산이 잘 보이는 곳에 정착해 살면서 형성된 마을도 있다. 진안읍 사양동이 그랬다.

풍수로 해석된 마이산의 모습은 또 어땠을까? 처해 있는 사회적 지위나 보이는 위치에 따라 달리 나타난다. 일단 우뚝 선 마이산의 봉우리가 붓같이 생겨 문필봉이라고 긍정적으로 보는 편이 있다. 지역에 과거급제자와 인물이 많이 나기를 바라는 시선이다. 그런데 어떤 마을에서 본 마이산은 마을 안을 빠끔히 엿보는 모습을 하고 있다. 이런 산은 풍수에서 규봉窺峰이라고 해 흉하게 친다. 또 어떤 마을에서 마이산은 곰보 얼굴taffoni, 풍화혈 현상 같고, 어느 마을에서는 날카로운 칼날처럼 사나워 보이기도 한다. 거대한 남근석으로 보여 풍기문란이 일 것 같은가 하면, 삐죽삐죽한 봉우리에 화기火氣가 비쳐 마을에 불기운이 불 것 같기도 하다. 이런 부정적 평가에는 마을사람들이 어떤 태도를 보이고 어떤 방법으로 대응했을까?

ⓒ이용호

위 | 거대한 남근 모양으로도 보이는 마이산의 모습.

아래 | 땅에서 죽순이 솟아난 듯, 잇몸에서 어금니가 솟아난 듯 앙증맞은 모습이다.

『해동지도』(전라도 진안현)의 마이산(왼쪽 아래).
두 봉우리가 크게 강조되어 그려졌다.
마이산을 보는 시선이 반영되었다.

마이산에 대해 그다지 좋지 않은 풍수적 해석이 있었지만 주민들에게 큰 영향을 주지는 못했던 것 같다. 마을공동체가 대응한 것은 고작 마을 입구에 자그만 숲 울타리를 조성해서 가림막을 친 정도다. 진안읍에 가림리라는 마을이 있다. 내(川)가 갈라져서 유래됐다고도 하지만 숲으로 가렸다 해서 붙은 지명이라는 해석도 그래서 생겼다. 그것도 마이산을 가렸다고는 생각하지 않는다. 그저 마을이 좋으라고 해서 숲을 만들었다는 것이다.

마이산을 보고 사는 주민들이 외부인의 해석에 크게 개의치 않고 긍정적인 태도를 지닐 수 있던 이유는 무엇일까? 오랫동안 내려온 마이산의 명산 의식이 굳건히 자리 잡고 있었기 때문인 것 같다. 누가 어떻게 비유하고 해석하든 주민들에게 마이산은 고을과 마을을 지켜주는 신성한 영산이었던 것이다. 더욱이 주민들의 생활공간 속에 들어와 있는 마이산은 부부와 부모로 은유되는 가족관계의 산이었다. 주민들은 마이산에 대해 이러한 혈통 의식을 품었다. 비록 보이는 모습이 칼처럼 사납든, 못생긴 곰보이든, 흉측한 남근석이든 아무 상관없이, 거기 있는 것만으로도 너무도 고맙고 소중한 존재였던 것이다. 이렇게 마이산은 오랜 세월 주민들의 생활과 의식 속에 조금씩 녹아들어갔다. 기괴하게 보이던 산은 아무렇지 않은 평범한 산이 되었다. 일상적인 생활경관이 되었다.

마이산의 기이함과 평범함의 사이는 얼마큼 멀고 가까운 것일까? 내외간의 시선과 시공간적 관점에 따라 둘은 다르면서도 같은 것이 아닐까? 분별 없는 평상심이 도道라는 선종의 깨우침은 그래서 의미심장하다. 진안 주민들에게, 마이산이 저렇게 희한하게 생겼는데 어떻게 생각하는지 물어보았다. 그러자 묻는 이를 도리어 의아하게 생각하는 눈빛으로 이런 대답이 돌아왔다.

"마이산요? 그냥 산이지요."

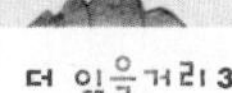

더 읽을거리 3

## 산줄기를 가리키는 다양한 용어

산줄기라고 해서 높은 산만 있는 것은 아니다. 산도 들도 아닌非山非野 구릉지나, 흔히 야산野山이라고 부르는 나지막한 등성이가 구불구불 연속되는 곳도 있다.

이 산줄기의 모습을 보면서 '산경'山經이라는 옛말이 떠오른다. 산경은 『산경표』라는 조선 후기의 저술로 이미 우리에게 익숙해진 용어다. 산줄기의 날줄, 즉 종적인 경로를 말한다. 백두대간이 바로 국토의 산경이다.

우리가 흔히 쓰는 '산맥'山脈이라는 말도 있었다. 전통적으로 사용해 왔던 '산맥'이라는 용어와 근대의 지형학적인 번역어 '산맥'은 어떻게 다를까?

전통적인 산맥이라는 말을 역사적으로 고증하여 보면 두 가지 의미가 함축되어 나타난다. 이익은 『성호사설』에 「선비산맥」鮮卑山脈이라는 소제목을 두고, 백두산에 이르는 '산의 줄기와 가지'라는 산맥의 경로를 서술했다. 조선 후기의 지리지인 『여지도서』에도 각 고을군현에 이르는 산줄기의 경로를 '산맥'이라는 말로 흔히 썼다. 조선 후기에 '산맥'은 산줄기의 경로 혹은 지간枝幹이라는 뜻으로서 '산경'과 유사하게 쓰였음을 알 수 있다.

『승정원일기』 효종 2년 조의 기사에 나오는 '산맥'의 뜻은 좀 다르다. "파주에 은혈銀穴이 있다고 하니, 관상감 제조가 지관을 데리고 가서 살피게 하여, 산맥을 범하지 않으면 채취할 것을 청하는" 내용이 나온다. 여기의 '산맥' 개념은 '산의 기맥'氣脈이라는 다분히 풍수적인 의미다. 요컨대 전통적인 '산맥' 개념은 외형적인 산줄기 경로 혹은 산의 풍수적 기맥이라는 뜻으로 함께 사용되었다.

문제는 현대에 들어와서 서구 지형학의 'Mountain Range'라는 개념이 '산맥'으로 번역되면서부터 생겨난다. 근대 일본 학계에서 번역한 그대로 수입된 말이다. 여기서 말하는 '산맥'은 '지반운동 또는 지질구조와 관련하여 직선상으로 길게 형성된 산지'로서, 전통적인 '산맥' 개념인 '외형적 산줄기' 혹은 '풍수적 기맥'과는 본질적으로 차이가 난다. 지형학적인 '산맥' 개념은 지질구조에 기초하고 있으며, 형태적으로는 다발 혹은 계열系列이고, 거시적이고 구조적인 관점의 학술용어다. 『산경표』와 같은 가시적이고 미시적이며 선적인 경로의 산줄기와 다르고, 풍수적인 기맥 의미와도 질적으로 다르다.

이 용어들은 우리의 산을 여러 방면으로 이해할 수 있게 해준다. '산경'산줄기 개념은 지역의 생활권이나 산의 날줄과 씨줄을 파악하는 데 유리하다. 주민들의 생활권과 지리 인식에 직접적으로 영향을 미친다. 전통적 '산맥'은 동아시아 지리사상인 풍수의 기맥이라는 통찰로 산을 이해하게 한다. 현대의 '산맥'은 지질구조와 관련하여 과학적으로 이해할 수 있는 장점이 있다.

산의 계통에 대해 다면적이고 다층적인 관심을 가질 때 우리는 한반도의 산을 훨씬 깊이 있게 이해할 수 있게 된다.

더 읽을거리 4

## 한반도의 등줄기, 백두대간

백두대간은 백두산에서 남으로 맥을 뻗어 낭림산·금강산·설악산·오대산을 거쳐 태백산에 이른 뒤 다시 남서쪽으로 소백산·속리산·덕유산을 거쳐 지리산에 이르는 한국 산의 큰 줄기를 망라한 산맥이다. 두만강·압록강·한강·낙동강 등 한반도 수계의 발원처이기도 하다.

백두대간은 국토 산맥의 등줄기로 겨레정신의 지주다. 한반도 생태의 주축일 뿐만 아니라 문화역사경관의 큰 줄기다. 지역생활권을 가름하는 문화지역 경계의 구조선이다. 지리적으로 국토 산계의 중심축으로 함경도·평안도·강원도·경상도·충청도·전라도에 걸쳐 있다.

백두대간은 겨레의 산에 대한 유·무형의 문화와 신앙, 역사를 총체적으로 담고 있는 그릇이다. 한반도의 인문적 상징이자 지형의 기초를 이루는 거대 산줄기다. 백두대간이라는 인식에는 사람과 자연의 일체를 지향하는 산맥관이 반영되어 있어, 전통적 지리관에 뿌리를 둔 산맥 개념의 한국적 표상을 이룬다.

백두대간이라는 개념은 고려와 조선시대에 걸친 전통적 산맥 인식의 결과다. 국토의 산지를 유기체로 생각하는 관점도 바탕에 깔려 있다. 『산경표』에 의하면, 조선의 산맥은 1개 대간大幹, 1개 정간正幹, 13개 정맥正脈의 체계로 이루어졌다. 이러한 산경 개념은 『대동여지도』에서 더욱 발전되어 잘 표현되었다. 김정호는 선의 굵기 차이로 산줄기의 위계를 표시했다. 대간을 제일 굵게 그렸고, 정맥, 지맥, 기타 골짜기를 이루는 작은 산줄기를 차례대로 구분했다.

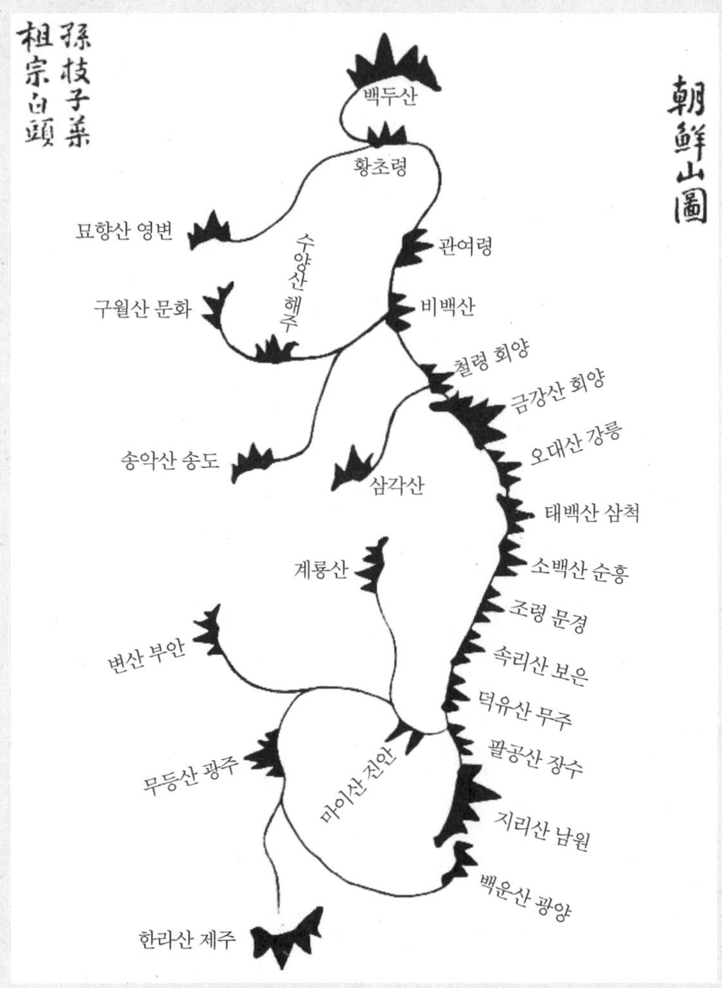

「조선산도」(1903)에 표현된 백두대간 산맥과 주요 명산(새로 편집)

백두대간처럼 살아 있는 나무에 비유하여 큰 줄기와 작은 가지를 나누어 국토 전체를 유기체로 보는 시각은 풍수의 관점이다. 중국 풍수서에도 곤륜산에서 세 줄기의 대간이 소개되며, 그 북쪽 가지가 백두산에 이른다. 한반도에서 지기地氣의 발원처는 백두산이며, 백두대간을 타고 내린 지기가 정맥을 타고 나뉘고, 각 정맥에 맥을 댄 지맥들에 의해 생활현장인 마을과 도시로 전달된다고 인식되었다.

백두대간 보호 관리의 역사적 기원은 조선 세조 때로 거슬러 올라간다. 한양 도성의 주요 산과 산줄기의 보전에 대한 인식이 체계화되고 광역화되어서, 백두산에서 삼각산에 이르는 산맥을 계통적으로 관리하고 보호하려 하였다. 『조선왕조실록』에 보면, 1463년세조 9 함길도 장백산의 근원에서부터 삼각산 보현봉—백악에 이르는 산맥의 구역에 대해 돌 캐는 일 등의 산지 훼손을 금하도록 한 적이 있다. 오늘날의 백두대간과 한북정맥에 이르는 산줄기에 해당한다. 한양 도성에 이르는 산지 지맥의 온전한 보전은 왕실의 번영을 보장하는 것으로 믿었고, 이에 따라 백두대간 산줄기를 관리하려 한 것이다.

역사적 자연유산으로서 백두대간이 지닌 자원 가치는 모두 공감하는 바이다. 체계적으로 백두대간을 보전하기 위하여 마련한 법제적인 기초가 '백두대간 보호에 관한 법률'이다. 백두대간의 보호구역을 핵심지역과 완충지역으로 구분해 지정했으며, 총 지정면적은 27만 3,427ha로서 전 국토면적의 2.6%, 산림지역의 4%에 이른다. 자연생태계 보전지역, 산림유전자원 보호림, 조수보호구, 천연기념물 보호구역으로 지정되어 관리되고 있다.

백두대간을 합리적으로 관리하기 위해서는 지역지정과 관리방식에 대한 철학과 원칙이 우선적으로 세워져야 한다. 자원항목을 체계적으로 정리하고 관리주체를 설정하여 효율적으로 실행할 방안이 마련되어야 한다.

더 읽을거리 5

## 산수 지도의 명작, 『대동여지도』

『대동여지도』는 한국의 고지도 가운데 가장 산수산천 정체성이 분명한 지도다. 국토의 산수 체계를 일목요연하게 드러냈고, 조선시대의 전통적인 산맥 인식과 산줄기 체계를 집약한 성과다. 이름으론 '대동여지도'지만 내용상으론 '대동산수도'다.

고산자古山子 김정호는 1834년순조 34에 『청구도』青邱圖를 증보·수정한 대축척 지도로 분첩절첩식分帖折疊式 지도첩을 만들었다. 남북을 120리 간격의 22층으로, 동서를 80리 간격의 19판으로 구분했다. 약 16만분의 1 축척의 목판본 지도였다. 제1층에는 지도의 제목과 발간 연도, 발간자를 명시하고, 서울의 「도성도」都城圖와 「경조오부도」京兆五部圖를 실었다.

『대동여지도』는 한반도의 산줄기와 물줄기 체계를 가장 성공적으로 나타낸 지도다. 일반지도의 지형표시에서는 개개의 산지나 평지를 점으로 나타내지만, 『대동여지도』에서는 산줄기를 이어 선으로 표현했다. 산지와 산지가 떨어져 있더라도 분수계分水界가 연속되는 산줄기로 그렸다. 두 산줄기 사이에 자연스럽게 놓인 물줄기도 자세하게 나타냈다.

산을 개별적으로 독립된 산으로 보지 않고 전체적 맥락을 가진 산줄기로 보는 것은 산도山圖 또는 묘도墓圖에서 널리 쓰여온 전통이다. 풍수사상에서는 산줄기의 맥이 연결되는 것이 중요했다. 『대동여지도』가 산줄기와 물줄기를 중시하고, 분수계를 연속되는 산줄기로 표현한

ⓒ 규장각 한국학연구원

當宁十二年辛酉

大東輿地圖

古山子校刊

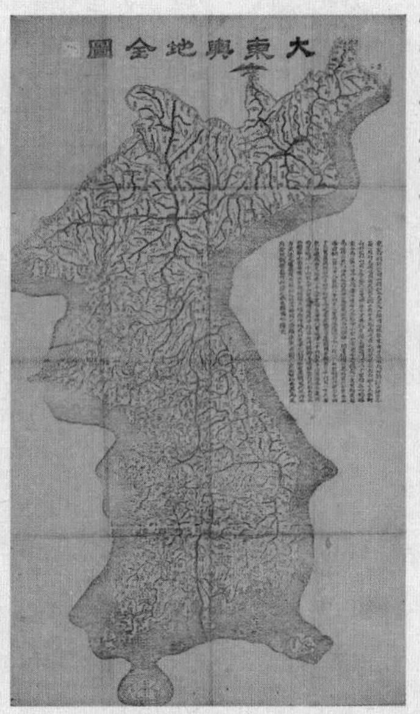


ⓒ 국립중앙박물관 공공누리

왼쪽 | 고산자 김정호의 『대동여지도』 첫 장.

오른쪽 | 『대동여지도』를 줄여 만든 전국지도인 「대동여지전도」.

점은 풍수의 영향을 받았다. 산도는 국지적인 좁은 지역에 한정된 묘지 지도이나, 『대동여지도』는 전국적인 규모의 국토 지도라는 점이 다르다.

김정호는 『대동여지도』에서 산줄기를 단순하고 일정한 선으로만 표시하지 않고, 넓고 좁은 폭을 통해 산줄기의 위계를 드러냈다. 경우에 따라서는 산의 모양이나 크기도 표현하였으며, 분수계와 하천 유역을 파악할 수 있도록 '산악투영도법'山岳投影圖法을 썼다.

우리나라 전도에서 산줄기를 표시하는 전통은 일찍이 조선 초기에 만들어진 이회의 『팔도도』1402, 정척과 양성지의 『동국지도』1463, 그리고 정상기의 『동국지도』18세기 중엽 등에서 찾아볼 수 있다. 이 지도

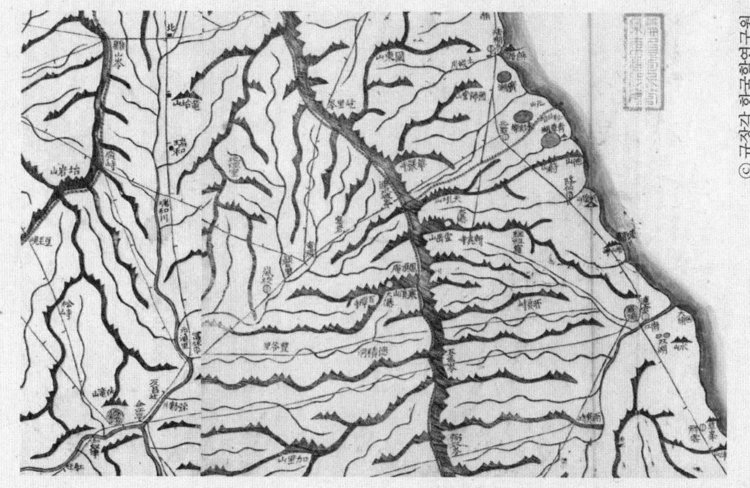



백두대간은 굵은 선으로 그렸고 지맥은 가는 선으로 표현했다.
산줄기는 유역권의 분수계로 이어져 있다.

들은 모두 필사본이고, 『대동여지도』에 비교하면 소축척 지도이다. 김정호는 이러한 전통적인 산수지도의 제작 기법을 계승·발전시키고 목판 인쇄를 통해 대중화했다는 점에서 큰 의의가 있다.

중국과 일본에도 다양하고 수많은 고지도가 있지만 『대동여지도』와 같이 풍수사상에 기초를 둔 산줄기 표현 방식과 산악투영도법으로 국토 산수의 전체를 체계적으로 그린 전도는 유일하다. 『대동여지도』는 보물 제850호로 지정되었다.

白岳山

3

# 용인 듯 봉황인 듯

## 산에 숨은 동물과 식물

산은 객관적인 대상이지만,
사람과 문화에 따라
주관적이고 상대적으로 보인다.
산이 텍스트로 읽히는 것이다.

# 용인가 산인가, 계룡산

## 물리쳐야 할 용, 복을 내려주는 용

레오나르도 다빈치, 미켈란젤로와 함께 르네상스를 대표하는 천재 예술가 라파엘로1483~1520가 있다. 그의 작품 중에는 독특한 이미지를 담은 그림이 눈에 띄는데, 「용을 무찌르는 성 미카엘」Saint Michel terrassant le dragon이 그것이다. 이 그림은 『성경』의 「요한묵시록」에서 영감을 얻은 것으로, 천사 미카엘이 창으로 용을 찔러 죽이는 모습을 재현했다. 용은 물리쳐야 할 사탄과 악마의 상징이기 때문이다. 「묵시록」에는 용의 모습을 이렇게 생생하게 묘사한다.

> 크고 붉은 용인데, 머리가 일곱이고 뿔이 열이었습니다. 그 용은 여인이 아기를 해산하기만 하면 삼켜버리려고 지켜 서 있었습니다.

우리의 용을 떠올리면 매우 생경하고 의외의 장면으로 느껴진다. 서양 사람에게 용은 우리가 생각해왔던 이미지와는 완전히 딴판이다. 서양의 용은 동양의 용과 모습에서 유사한 부분도 있으나, 파괴적이고 공격적인 악룡·독룡의 면모가 훨씬 큰 비중을 차지한

라파엘로, 「용을 무찌르는 성 미카엘」(Saint Michel terrassant le dragon)
서양 사람들의 기독교적 용 관념이 잘 반영되어 있다.

다. 그래서 용은 서양인에게 퇴치해야 할 적대적이고 난폭한 괴물이고, 어둠과 죽음이며, 아직 어떤 형태를 획득하지 못한 것의 상징이다. 그래서 코스모스라는 질서가 탄생하기 위해서는 신들이 용을 정복하여 토막 내지 않으면 안 되었다.

반면 동아시아 사람들은 용을 공통적으로 물의 신으로 간주하여 비를 기원하거나 풍어를 기원하는 대상으로 삼았다. 상고시대에는 중국 역시 악룡·독룡이라는 의미가 강했으나 점점 긍정적으로 변화해 용신 또는 제왕의 관념 등이 두드러진다.

한국 용 관념의 특징은 농경신이라는 것이 일반적 견해다. 한국에서는 용이 비를 내려주는 신이거나 재앙을 쫓고 복을 부른다는 생각이 어느 나라보다 강하다. 용에 의한 국가 수호나 미륵불 관념과의 복합 등도 한국만의 독자적인 특징으로 주목된다. 왜 동아시아에서, 특히 한국에서 용의 이미지는 좋게 나타날까?

용이 다름 아닌 산의 상징이기 때문이라는 것이 나의 해석이다. 심리학적으로 말하자면, 사람들의 심층 무의식에 산천이 투사되어 이미지로 형상화된 것이 용이라는 것이다. 그렇다면 용꿈도 산천의 정기를 감응하여 받는 꿈으로 볼 수 있다. 우리는 용꿈을 크게 길하다고 여기지만, 서양 사람들에게는 떨치고 싶은 악몽일 것이다. 우리와 달리 서양 미학에서는 산을 추하고 부정적인 것으로까지 여겼기 때문이다. 산은 '사악함' '자연의 얼굴 위에 생긴 사마귀·혹·물집'으로 간주하였다. 그래서 서양에서는 산을 정복해 사람의 통제 아래 두고자 한다.

다시 「묵시록」에서 산을 은유하는 용 이미지의 단면을 보자. "용은 강물 같은 물을 입에서 뿜어내어 여인을 휩쓸어버리려고 하였습니다"라고 했다. 마치 거친 황무지의 산에서 집중 호우로 하천물이 갑자기 콸콸 불어나 사람들을 덮치는 장면을 연상시킨다. 이렇듯 동서양의 용 관념의 차이는, 동아시아와 서양의 산 지형과 그것이 사람에게 반영된 이미지의 차이로 해석할 수 있다.

## 산은 만물 가운데 용이다

한국에서는 용이 산과 중첩되어 인식되는 현상이 매우 강하게 나타난다. 산을 용에 은유하고, 그것이 '용산'이라는 인식으로 산과 용이 일체화된 현상도 특징적이다. 그래서 한국에는 수많은 '용산' 계열의 이름이 하천 주위의 산에 나타난다. 용이 누워 있는 모습이라고 와룡산, 하늘에서 하강하는 모습 같다고 천룡산, 상서로운 기운을 품고 있다고 서룡산, 너그럽고 덕스럽다고 덕룡산이라는 이름을 붙였다. 용산을 지역별로 보면, 중부 이남에 많으며, 하천을 끼고 있는 산이 대부분이고, 산줄기 체계에서 백두대간, 장백정간보다 13개의 정맥에 주로 있다.

계룡산은 한국의 용산을 대표한다. 같은 이름은 거제, 순창, 남원 등지에도 있지만, 충남의 계룡산847m이 단연 으뜸이다. 계룡산은 신라 때 오악 중의 서악으로, 중사中祀의 제의를 했던 국가적인 명산이다. 조선시대에는 중악단을 설치하여 나라에서 산신제를 올렸고, 지금도 공주 신원사에 중악단보물 제1293호 유적이 남아 있다. 중악이라는 호칭에서도 알 수 있듯이 계룡산의 지리적 위치는 국토 가운데에 있다. 조선 초에 수도의 강력한 후보지였다는 역사적 사

용처럼 뻗어나가는 계룡산 산맥의 모습.

건도 중요하다. 나라의 수도가 될 정도로 명산의 매력이 있었다는 것이다.

계룡산의 명산 이력에서 무엇보다 중요한 것은 조선 후기에 민중의 산으로 대변되었다는 사실이다. 조선사회를 송두리째 뒤흔들었던 『정감록』의 주 무대였던 것이다. 계룡산에서 정도령이라는 메시아가 나와 새 나라를 건설한다는 메시지가 민간에 퍼지면서, 신도안을 중심으로 각종 도참비결파는 물론 민족종교와 무속집단이 구름처럼 모여들었다. 한말 이후 계룡산은 한국 토속신앙의 메카가 되었다.

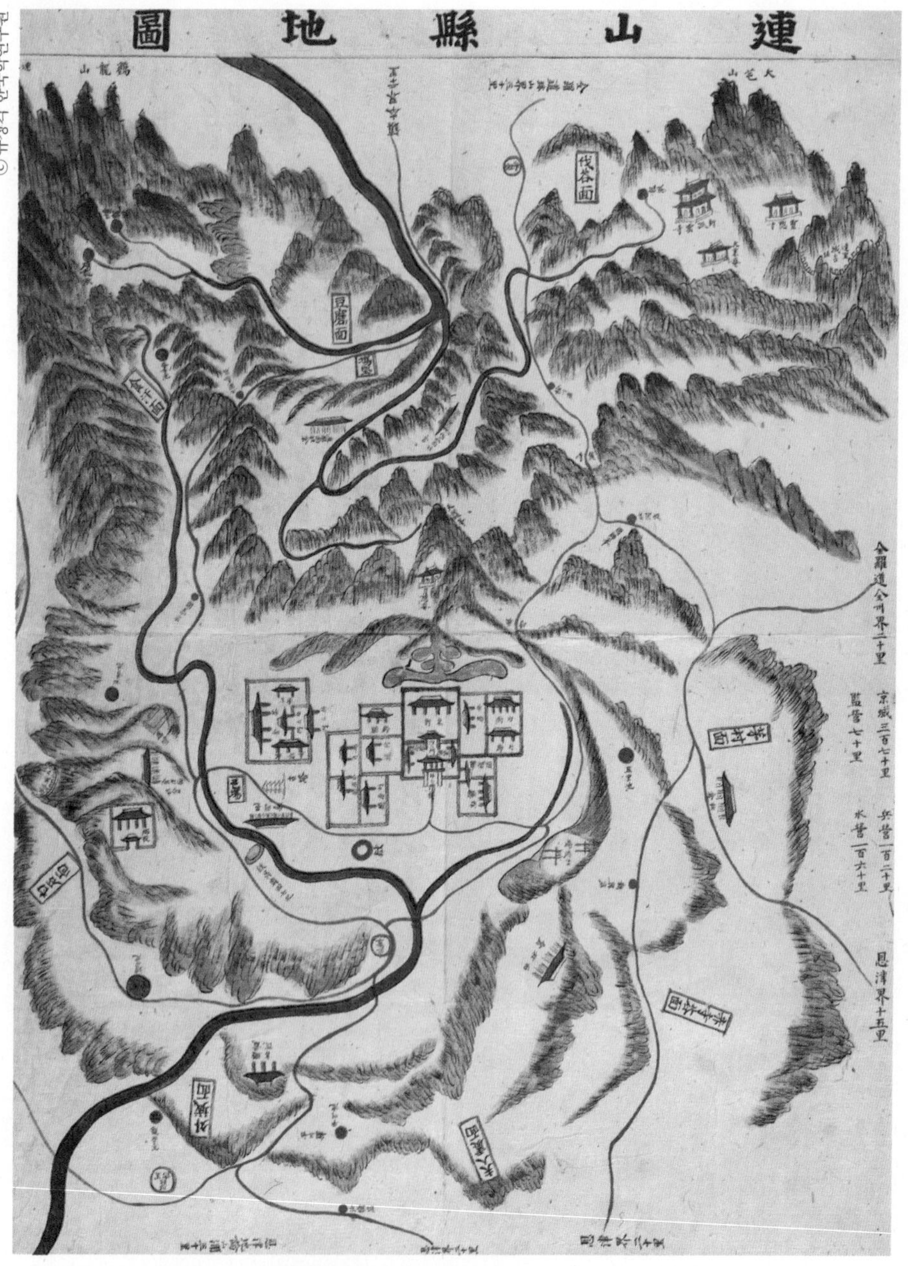


『1872년 지방지도』 연산현 부분.
용의 모습으로 고지도에 표현된 계룡산.
그림 왼편이 계룡산이다. 두 눈도 뚜렷하게 묘사되었다.
계룡산에 대한 그린 이의 인식이 잘 드러난다.

왜 산 이름을 계룡산이라고 불렀을까? 두 가지로 해석할 수 있다. 하나는 고지명 분석이고, 또 하나는 무학대사와 관련된 풍수설화이다. 우선 고지명으로 풀어보면, 계룡鷄龍의 계는 닭의 한자 표기이고, 닭은 달과 같은 말이다닭의 알은 달걀로 표기된다. 그런데 '달'은 높은 산 또는 언덕을 지칭하는 옛말이기도 하다. 그렇다면 계룡은 산과 용의 합성어일 수 있다. 객관적 지형산과 주관적 이미지용가 결합된 의미체인 것이다.

어떻게 산과 용의 합성이 가능하였는지는 계룡산이라는 이름에 관해 전래되는 설화에 실마리가 있다. 조선 초에 이성계는 계룡산 신도안에 도읍을 정하려고 무학대사를 대동해 산세를 보았다. 무학대사가 산을 보더니 '금닭이 알을 품는 형국'금계포란형이면서 '용이 날아서 하늘에 오르는 형국'비룡승천형이라 감탄했다. 그래서 계룡이 되었다는 것이다. 닭이든 용이든 모두 계룡산의 모양새를 동물에 비유한 표현이다. 이렇게 모양새로 산을 보는 방식은 풍수에서 큰 영향을 받았다. 전래의 용신앙과 풍수사상이 결합된 것이다.

풍수는 산을 용이라고 하고 용의 몸짓으로 동태를 본다. 『인자수지』라는 풍수서에서는 이렇게 설명한다.

> 산의 모양은 천만 가지 형상이다. 크다가도 작고, 일어나다가도 엎드리고, 숨다가도 나타나며, 형체가 일정하지 않고 움직임도 다르니, 만물 가운데 용이라 이름했다.

흔히 계룡산의 형세를 일컬어 회룡고조回龍顧祖, 즉 용이 휘돌다가 머리를 돌려 처음을 돌아보는 형국이라는 것도 이런 시선이다.

산을 용으로 보게 되면서 바뀐 국토공간과 지리인식의 변화는 상상을 초월한다. 우리가 상식적으로 아는 좌청룡 우백호가 그렇다. 삶터 왼편의 산은 생기발랄한 푸른 용이 된 것이다. 계룡산을 그린 고지도를 봐도 그렇다. 1872년에 그린 연산현 지도에 계룡산은 해마를 연상시키는 용의 모습이다. 꿈틀거리면서 고을을 에워싸며 지키고 있는 용의 역동적인 모습과 함께 두 눈도 뚜렷하게 표현되었다.

이제 산은 용처럼 생명이 충만한 유기체로 변했다. 흙덩어리의 산이 생명의 산이 되었다. 산을 보는 시선과 해석의 패러다임이 확 바뀐 것이다. 산을 용으로 보니 용의 모습과 몸짓으로 보는 눈도 생겼다. 용의 머리라 용두산, 꼬리라 용미산이란 이름도 얻었고, 계룡산의 모습에서 용이 승천하는 형국이라는 인식도 생겼다.

강원도 오대산의 적멸보궁에는 이런 흥미로운 용 이야기가 전한다. 오대산의 산세에서 적멸보궁의 위치는 용의 머리라 하고, 적멸보궁 옆의 맑은 물이 샘솟는 곳은 용의 눈에 해당해 용안수龍眼水라 불렀다. 그 옆에는 구멍이 하나 있는데 이것을 용의 콧구멍이라 한다. 낮에 이 구멍에 가랑잎을 하나 가득 채워놓고 다음 날 와보면 다 날아가버리고 하나도 남아 있지 않다고 한다. 밤새 용이 콧김을 뿜어 그렇게 된다는 이야기다.

산을 용으로 보는 시선은 시간이 흐를수록 진화했다. 산은 용처럼 생기를 준다는 생각으로 더 나아갔다. 산에 기가 흐르고, 맥을 이룬다는 것이다. 마치 한의학에서 사람의 몸에 기가 흐르고 그 길

© Ryuch | 위키미디어 커먼스

거대하게 휘돌며 민중의 꿈틀거리는 욕망을 대변했던 계룡산의 모습.

을 경락이라고 하듯이, 산의 지표면에도 지기가 흐른다고 보고 그 길을 용맥이라고 불렀다. 인체의 경락이 순조로워야 생기를 골고루 공급받아 생명을 유지하고 건강을 지켜갈 수 있듯이, 산의 용맥도 끊기지 않고 면면히 이어져야 좋다고 믿었다. 그래서 산줄기의 맥이 훼손되는 것을 크게 꺼렸다. 산의 맥을 자르니 붉은 핏줄기가 터졌다는 설화도 전국 곳곳에서 생겨났다. 임진왜란 때 왜군이 굴봉산용인시 남사면에 있다의 산허리를 끊자 거기에서 피가 흘렀는데, 주민들은 그 고개 이름을 피고개라고 불렀다.

사람의 외모와 성품이 다양한 것처럼 용산도 사람에게 주는 영향이 다르다고 여겼다. 살아 있는 용과 죽은 용, 기가 강한 용과 약한 용, 순한 용과 살기 띤 용 등 천태만상을 가진 것이 산이라고 생각했다. 그래서 사람들은 풀 한 포기 살지 못하는 돌산이나 황무지처럼 병들고 죽은 용은 묘터로도 피했다. 흙산에 초목이 푸른 생기 있고 살아 있는 용을 선택하여 삶터로 정하고자 무척 노력했다. 계룡산이 새 왕조의 도읍 후보지가 되고, 정도령이 새 시대를 열 만한 산으로 지목된 큰 이유도, 휘돌면서 생명의 기운을 뿜는 계룡산의 모습에 있었다. 조선의 왕조와 민중은 동시에 계룡산에서 새 시대의 희망을 보았던 것이다.

이제 계룡산이 용인지 산인지는 대답이 된 셈이다. 무심한 흙덩이가 아니라 수많은 생명이 숨 쉬며 거대한 용처럼 살아 있는 유기체의 산인 것이다. 조선 왕조와 민중들의 집단무의식 속에 푸른 꿈으로 용틀임했던 역사의 산이다.

# 비봉산 문화생태

## 봉황이 날아와 뒷산에 앉았다

> 산세 따라서 사람도 타고나는 법이여. 경상도 산세는 산이 웅장하기로 사람이 나면 정직하고, 전라도 산세는 산이 촉矗: 삐죽하기로 사람이 나면 재주 있고, 충청도 산세는 순순順順하기로 사람이 나면 인정이 있고, 경기도로 올라 한양터 보면 자른 목이 높고 백운대 섰다. 사람이 나면 선할 땐 선하고 악하기로 들면 별악지성別惡之性이라.

「춘향가」의 한 대목이다. 이 사설은 산세를 타고 사람이 나고 산세에 따라 지역적인 인성도 달리 형성된다는 조선시대 사람들의 생각을 잘 드러내고 있다. 한 가마 속의 도자기가 비슷하게 구워지듯이, 같은 공간과 환경 속에서 비슷한 문화와 인성이 형성된다는 것이다. 정녕 산이 사람을 만드는 것일까?

비봉산飛鳳山이라는 흔한 산 이름이 있다. 전국적으로 분포하며, 주로 지방도시의 진산이었다. 조선시대 250여 개의 지방 진산 중에서 가장 많은 산 이름이 비봉산이다. 충청도 제천, 경상도 선산·진주·봉화·의성, 강원도 양구·정선, 경기도 안성·화성·안양, 전

진주시를 두르고 있는 진주 비봉산.
옛사람들은 봉황이 날개를 죽 펼치고 있는 모습으로 보았다.
시가지 앞으로는 남강과 진주성(촉석루)이 보인다.

라도 완주 · 고흥 · 화순에도 있다. 전국에 봉황 관련 산과 마을지명이 무려 134개에 이른다는 연구 결과도 있다. 봉황이 나타나면 태평성대를 이루고, 비봉산 아래에는 인물이 난다는 믿음 때문에 생긴 현상이었다. 정말 비봉산 아래의 고을은 번영을 보장받고 귀한 인물이 나는 것일까?

비봉산은 봉황산 계열의 산이다. 한국의 산에서 봉황산은 용산과 함께 대표적인 산 이름 유형을 이룬다. 일반명칭으로 봉산 또는 봉황산이고, 신체 부위를 따서 봉두산鳳頭山, 봉미산鳳尾山이라고도 했다. 자태를 보아 나른다 비봉산飛鳳山, 춤춘다 무봉산舞鳳山, 운다

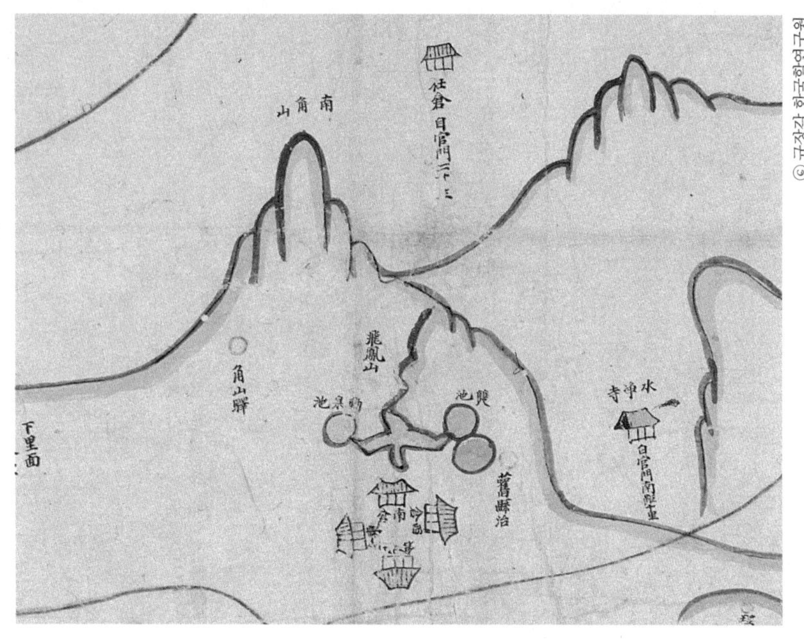



『1872년 지방지도』의 진보 비봉산.
봉황새가 나는 모습의 이미지로 표현되었다.

봉명산鳳鳴山, 머문다 유봉산留鳳山, 의젓하다 봉의산鳳儀山, 위엄 있다 위봉산威鳳山이라고도 했다. 산 모양은 새가 날개를 펼친 듯 가로로 길쭉하거나, 날개를 접고 서 있는 듯 세로로 우뚝하게 서 있는 등 다양한 모습이다.

빙산의 일각처럼 의식도 내면을 파고 들어가면 거대한 무의식의 영역이 전개된다. 산이 어떻게 무의식적으로 다가오는지 김광섭1905~1977 시인은 이렇게 심상으로 표현했다. "이상하게도 내가 사는 데서는, 새벽녘이면 산들이 학처럼 날개를 쭉 펴고 날아와서는, 종일토록 먹도 않고 말도 않고 엎댔다가는, 틀만 남겨놓고 먼

구례 봉성산.
날개를 펼친 봉황이 섬진강으로 머리를 쑥 내밀었다.
머리 앞으로 읍내가 있다.

산속으로 간다." 산이 새의 이미지로 날개를 펴고 날아와서, 마음에 틀을 남기고 가는 존재로 형상화된 것이다.

이렇듯 산을 그 자체가 아니라 대상의 이미지로 보는 것을 심리학에서는 투사投射라고 한다. 이성계와 무학대사의 일화로 이해하면 쉽다. "대사의 얼굴은 돼지 같구려." "전하의 용안은 부처님 같으십니다." "어찌 그렇게 보시는가?" "부처 눈에는 부처만 보이고, 돼지 눈에는 돼지만 보이지요." 그것이 투사다. 우리 속담에 "개 눈에는 똥만 보인다"는 말도 같은 뜻이다.

산이라는 객관적인 대상이 있지만, 그것이 보는 행위를 통해 인

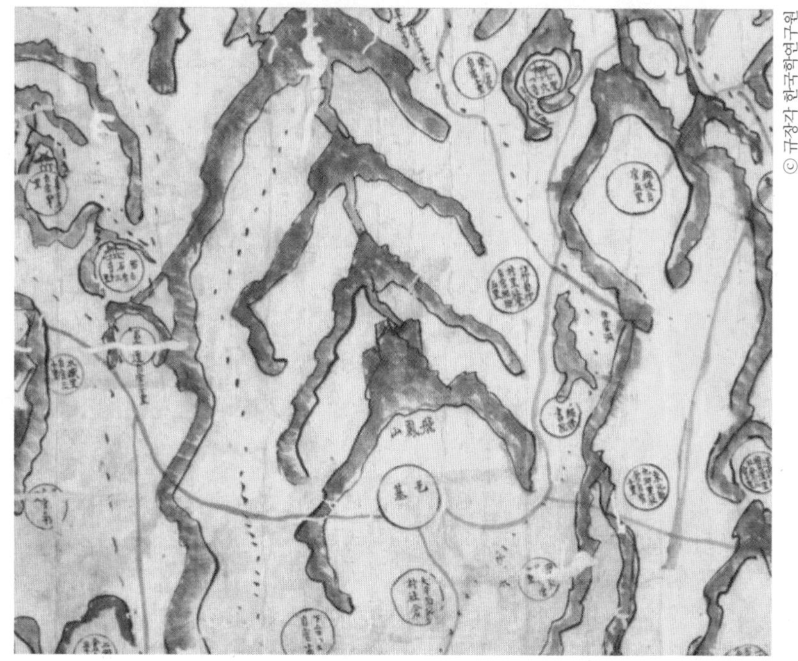




『1872년 지방지도』의 순흥 비봉산.
산도(山圖)를 연상시키는 산줄기 묘사 기법이 인상적이다.

식될 때는 사람과 문화에 따라 주관적이고 상대적으로 보인다. 산이 텍스트로 읽혀지는 것이다. 대상을 보는 행위의 주체는 사람이다. 사람의 눈이라는 감각기관과 뇌라는 인지기관을 통하는 사이에 문화라는 매개를 거쳐 받아들이는 것이다.

옛사람들의 비봉산 인식은 풍수적·심리적·사회적·경관적 필터가 복합적으로 작용된 결과다. 풍수적으로 산은 봉황이라는 형국과 기운을 띤 유기체적인 대상으로 인지된다. 봉황 이름이 붙은 산에는 어김없이 비봉귀소형 나르는 봉황이 둥지에 깃든 형국, 봉소포란형 봉황이 둥지에서 알을 품은 형국 등의 봉황 명당이 있다. 심리적으로 봉황에 대한 문화적 인식이 산에 투사되어 동일시되는 과정을 거친다. 사회적으로 비봉산이 진산鎭山으로 공식화되면서 향촌공동체 사이에 공유지식이 되고 태도의 합의가 형성된다. 경관적으로 대나무숲 등과 같은 봉황산과 관련된 파생경관이 형성되어 실체로서 공고해지는 메커니즘이 형성된다. 이 모두를 한마디로 비봉산 문화생태의 프로세스라고 할 수 있다.

### 봉황이 머무는 마을

요즘엔 생태라는 말도 진화하여 온갖 것에 생태를 붙인다. 자연생태, 인간생태, 사회생태에다 온라인 가상세계에서의 인터넷생태라는 말까지 나왔다. 온라인 같은 가상의 생태는 예전에도 있었다. 봉황생태가 그것이다.

봉황은 존재하지도 않는 상상의 새다. 그런데 "봉황은 벽오동 나무가 아니면 깃들지 않고, 대나무 열매가 아니면 먹지 않고, 예천단샘이 아니면 마시지 않는다"고 했다. 마치 봉황이 실제의 새인 양 천연스레 말하는 『장자』 이야기다. 조선시대 사람들 역시 봉황의 생태를 확고히 믿었다.

비봉산은 민간의 설화 속에도 등장한다.

> 전남 화순에 수많은 새가 모여 살았던 산이 있었다. 새들은 신령스러워 나라에 변란이 있을 땐 요란스럽게 울었다. 소음을 참다못한 한 농부가 숲에 불을 질러버렸다. 불길은 세찬 바람을 타고 온 산을 감쌌고 새들은 모조리 타죽고 말았다.

그런데 잿더미로 변한 산 위에서 봉황의 암놈인 황새 한 마리가 구슬프게 울다가 숫놈인 봉새의 옆에서 피를 토하고 죽었다. 사람들은 새의 넋을 불쌍히 여겨 함께 묻어주었다. 그 후로부터 이 산을 비봉산이라 했다. 능성고을은 예부터 부자 고을로 이름 높았고 인물도 많이 배출하였다. 그러나 새들이 모조리 불에 타죽은 뒤부터 재앙이 끊이지 않고 전염병도 만연했다. 이듬해엔 홍수도 덮쳐 수백 명이 죽었다.

이 설화 속의 비봉산은 조류 생태계가 풍부한 산임을 알 수 있다. 일시에 생태계가 파괴되면 지역주민들에게 재난이 닥친다는 것을 경계하는 교훈적인 자연생태 설화다.

봉황은 용과 함께 각각 날짐승과 길짐승을 대표하는 신성한 상징물이다. 용, 거북, 기린과 함께 네 가지의 영물이다. 봉황은 임금이 나라를 잘 다스리면 날아오기에 덕치德治와 태평성대의 상징이기도 했다. 『순자』에, "예부터 임금의 다스림이 살리기를 좋아하고 죽임을 미워하면 봉황이 나무에 줄지어 나타난다"고 했다. 봉황의 사회생태다. 지방 고을의 대표적 진산으로 봉황산비봉산을 선호한 것은 이런 정치사회적 이유 때문이었다.

봉황생태로 인해 파생된 산이름도 줄줄이 생겼다. 봉황은 대나무를 좋아한다고 하여 죽방산竹防山이라 했고, 까치가 울면 잡으려 봉황새가 다른 곳으로 날아가지 못한다고 하여 까치산鵲山을 두었다. 『신증동국여지승람』에 나오는 이야기다. 오동나무에 깃든다고 오산梧山, 대나무열매를 먹고산다고 죽실산竹實山, 봉실산鳳實山도

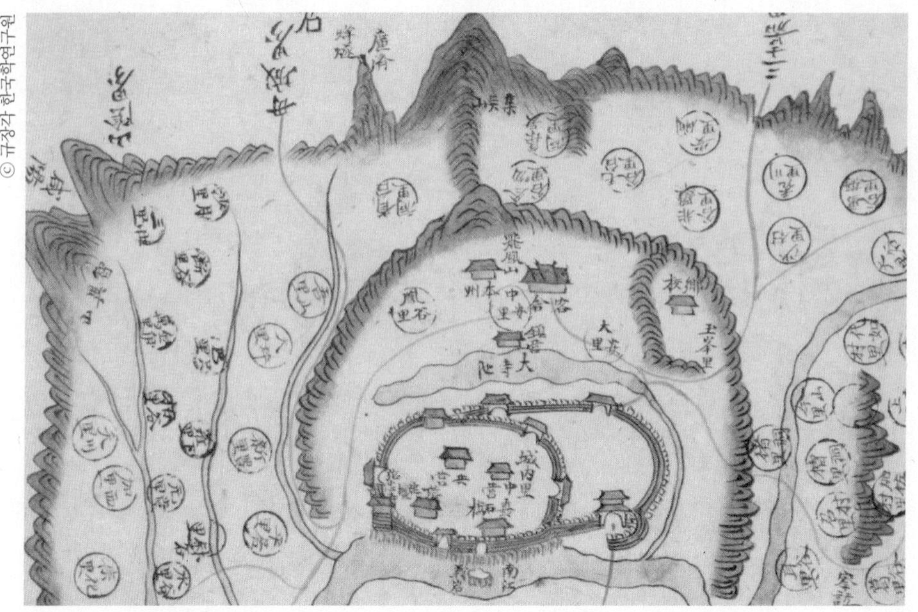


『해동지도』의 진주 비봉산.
고을을 둥글게 에워싸고 있다. 진주성과 남강도 보인다.

생겼다. 그래서 봉황산을 진산으로 둔 여러 고을과 마을에서는 대나무숲을 조성했다.

한술 더 떠서 봉황알도 만들었다. 경북 선산에는 오란산五卵山이라고 있었다. 봉황의 다섯 알을 상징한 조산이다. 봉황이 날아와 알을 하나씩 낳을 때마다 인물이 한 명씩 난다고 믿었다. 고장을 부흥할 만한 큰 인물을 기대하는 심리의식이었다. 봉황알은 지역에 따라 난산卵山, 난함산卵含山이라고도 불렀다. 봉황산으로 인해 봉산동, 봉죽동 등 수많은 봉자 돌림 마을지명도 숱하게 생겼다.

진주의 비봉산은 도심의 북쪽에 시내를 에워싸고 있는 162m의 나지막한 산이다. 마치 봉황이 날개를 크게 펼친 듯한 모양을 하고 있다. 조선시대에 풍수사상의 성행으로 비봉산을 재해석하게 되면서 고을경관에 다양한 변화가 일어났다. "진주는 진산이 비봉형이라 사방의 배치는 모두 봉鳳이라는 이름으로 붙였다. 객사 앞에는 봉명루鳳鳴樓가 있고, 마을 이름으로 죽동竹洞이 있다. 벌로수와 옥현에 대나무를 심었는데, 죽실竹實은 봉이 먹는 것이기 때문이다. 산 이름을 망진網鎭이라고 한 것은 봉이 그물을 보면 가지 못한다는 것이다. 들에 작평鵲坪이 있는 것은 봉이 까치를 보면 날지 못하기 때문이다." 『진양지』1633에 나오는 비봉산 문화생태 이야기다.

왜 하필 비봉인가? 봉황이란 어원을 찾아 거슬러 올라가면 가장 근원으로 바람에 이른다. 봉鳳은 갑골문에서 바람風과 같이 통용됐다고 한다. 봉새鳳鳥는 바람신風神으로 나온다. 『금경』禽經에도, "봉은 날짐승으로 매류이다. 풍백風伯이라고 말한다. 비상하면 하늘에 큰 바람이 인다"고 했다. 그렇다면 비봉은 하늘로 날아오르려 날개를 펼치는 활기찬 바람이다. 비봉산은 형상화된 봉황의 날갯짓이다. 비봉산으로 인해 고장의 주민들은 집단공동체적으로 고무되고 고취되는 것이다.

흥미로운 건, 우리말 바람이 함축하고 있는 다중적인 의미다. 바람난다, 바람맞았다, 바람잡다, 바람 들다, 모두 바람이다. 이 바람은 외적인 공기의 흐름이 아니라 내적인 기운의 움직임이다. 그 바람은 마음과 몸, 너와 나, 사람과 산에도 있다. "나를 키운 건 8할이 바람이다." 서정주 시인의 바람이다. 비봉산을 진산으로 둔 고을 주민들이 이렇게 말해도 틀리지 않을 것이다. "고을을 키운 건 8할이 비봉산이다." 조선시대 사람들은 비봉산을 곁에 둠으로써 봉황

오일영 · 이용우, 「창덕궁 대조전 봉황도」

같은 인물을 염원하고, 자손이 융성하며, 봉황이 머무는 태평한 고장을 만들려 했다. 그 비봉산은 주민들에게 우러르고 닮을 산으로서 상징화된 산천에너지요, 형상화된 산천무의식이었다.

"나는 잠들어 있지 않아요. 나는 천 개의 바람이 되었죠. 저 넓은 하늘 위를 자유롭게 날고 있죠."

ⓒ 국립중앙박물관 공공누리

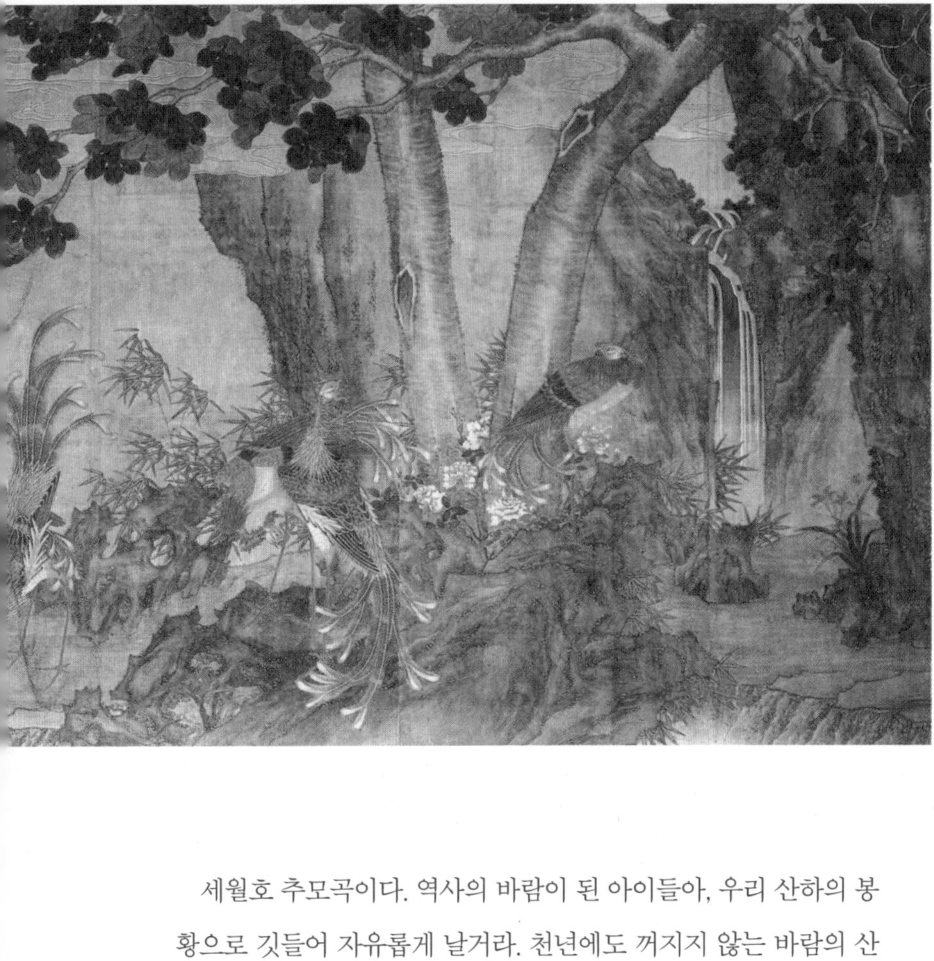

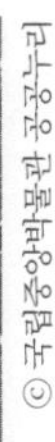

세월호 추모곡이다. 역사의 바람이 된 아이들아, 우리 산하의 봉황으로 깃들어 자유롭게 날거라. 천년에도 꺼지지 않는 바람의 산이 되어라.

# 거북이산 스토리텔링

## 수많은 마을의 거북이 이야기

"거북아, 거북아 머리를 내밀어라."

『삼국유사』에 나오는 「구지가」龜旨歌다. 지역주민들이 널리 부른 노래를 일연이 기록한 것으로 보인다. 웬 거북인가? 「구지가」의 현장은 김해 구지봉이다. 고장에서는 구수봉龜首峰이라고도 했다. 봉우리 모양이 거북이가 머리를 쑥 내미는 생김새를 하고 있기 때문이다. 그렇다면 "거북아, 거북아"는 거북 생김새의 봉우리를 실제 살아 있는 거북으로 빗댄 표현일 것이다. 『삼국유사』는 서기 42년에 벌어진 개국 신화의 현장을 이렇게 기록했다.

> 한 줄기 자줏빛이 하늘로부터 드리워져 땅에 닿았다. 붉은 보자기에 싸인 금합을 열어 보니 해처럼 둥근 황금빛 알 여섯 개가 있었다.

구지봉이라는 신성한 산에서 벌어진 6가야의 서막과 맹주 금관가야의 탄생을 알린 것이다.

구지봉 언덕의 정상부에 있는 고인돌.
돌 표면에는 '구지봉석'(龜旨峰石)이라고 새겨져 있다.
구지봉을 중심으로 선사시대 사람들이
생활하였음을 드러내주는 유적이다.

거북은 용, 봉황, 기린과 함께 네 가지 신령한 동물의 하나다. 불로장생한다는 십장생이기도 하다. 늙은 거북을 어민들이 잡으면 지금도 영물이라 하여 도로 놓아주곤 한다. 고대 중국에서는 거북 등을 불에 태워 갈라지는 선으로 점을 쳤다. 거북점이다. 갑골문은 거기서 나왔다. 중국 옛 문헌인 『열자』에 거북은 대지를 받치고, 삼신산의 하나인 봉래산을 등에 지고 있다고 한다. 우리의 거북 이미지는 어떨까? 길상의 상징이기도 하고 수신水神이기도 했다. 특히 산과 바위 지형에 투영되면서 공간적인 형상의 은유가 많이 생겨났다. 거북이산과 거북바위다. 거북이는 우둔해서 토끼 꾀에 잘 속아넘어가기는 하지만, 끈기가 있고 진득해서 끝까지 경주하면 이

긴다. 우리 설화 속의 거북 이미지다.

거북이라는 상징과 기호 코드는 우리의 일상과 의식 속으로 들어와서 다양한 문화적 스펙트럼으로 나타났다. 장소에서도 그렇다. 한국에 거북이산과 관련된 지명은 열거하기 어려울 정도로 많다. 경기도 용인의 방아리와 어비리에 걸쳐 있는 거북산은 거북이가 기어가는 모습이라 해서 붙여진 이름이다. 강원도 홍천의 후동리에는 두 거북이산이 마을을 에워싸고 있는데, 마을사람들은 암수로 여겼다. 경북 청도에도 구산龜山이 있는데, 거북등 기슭에 마을이 자리 잡았다. 후손들이 거북처럼 평안하고 오랫동안 번성하라는 염원이 담겼다.

거북이는 동네 이름에도 쉽게 눈에 띈다. 서울 은평구의 구산동龜山洞은 거북이산 때문에 생긴 지명이다. 부산의 구포나 전남 광양의 구산리도 마찬가지다. 거북이산 꼬리 부분에 있어서 구미龜尾다. 거북바위가 있으면 구암龜岩 마을이다. 남원의 등구리登龜里는 거북이가 기어 올라가는 형국이라 이름 지었다. 지리산 자락 함양에 등구사라는 옛 절터가 있다. "산의 모양이 거북등처럼 생겼고, 절은 그 등 위에 올라앉아 있어서 붙여진 이름이다." 조선 초기의 유학자 김일손1464~1498이 쓴 「두류기행록」에 나오는 이야기다.

자라鰲도 거북이와 사촌인지라 산 이름으로는 한통속이다. 전남 구례에 오산鰲山이 있다. 자라가 웅크리고 있는 모양새를 했다. 한국 풍수지리설의 시조 도선827~898이 천하의 지리를 통달했다는 현장이다. 경북 구미와 전남 여수에는 금오산金鰲山이 있다. 찬란한 아침햇살이 자라산에 비치는 광경을 연상시킨다. 일출 명소인 여

전남 여수의 금오산 향일암에서 바라본 모습.
땅의 생김새가 거북이가 머리를 내밀고 바다로 가는 모양이다.
향일암의 원래 이름은 영구암(靈龜庵)이다.
신령스런 거북이산에 들어선 절이다.

수 향일암向日庵에서 보이는 지형의 생김새는 영락없는 거북이고, 산언덕 바위는 거북이 등갑 같다. 향일암의 원래 이름은 영구암靈龜庵이었다. 신령스런 거북이산에 들어선 절이었던 것이다.

고대인들에게 거북이는 호랑이, 곰과 함께 토템이었다. 한국에서 동물 토템은 산악신앙과도 결합했다는 데 중요한 의미가 있다. 거북이산龜山, 호랑이산虎山, 곰산熊神山 등이 그러한 지명경관의 흔적이다. 구지봉 신화에서 엿보이지만, 거북이는 가야인의 토템이었다가 산악신앙과 합쳐지면서 거북이산신앙으로 확산되었을 가능성이 다분하다. 남양주시 수동초등학교 뒤에 거북산이라고 있다.

그 산에는 제당이 있는데 매년 가을에 마을사람들이 산신제를 지낸다고 한다. 신앙의 내력은 최소 300~400년 이상으로 추정한다.

### 거북아 거북아, 불을 막아다오

거북은 수신水神의 상징이기도 하다. 그래서 화재지킴이 역할을 했다. 괴산군 좌구산坐龜山에 구석사龜石寺라는 절이 있다. 산 이름도 절 이름도 거북이다. 『신증동국여지승람』1530에 등장하는 오랜 이야기다. "청안 고을현 괴산군 청안면을 세웠을 적에 이산離山이 높은 것을 꺼려서 이 절을 세우고 수신인 거북의 이름을 따서 구석이라 했다." 어떤 의미일까? 이離는 팔괘八卦로 남쪽이고 불火이다. 불산이다. 치솟아 있는 불산을 마주한 고을에서 거북이라는 수신으로 화기를 진압하려 했던 것이다. 방재防災 목적으로 세운 비보사찰임을 알 수 있다.

마을의 화재막이 거북신앙도 있었다. 경남 하동 동리의 동촌마을에는 물봉이라는 재미난 이름의 산봉우리가 있다. 산 모양이 붓끝같이 생겨 필봉이라고도 했고, 불이 자주 나서 불봉이라고도 했다. 물봉이란 이름도 불을 끄려는 염원으로 생겼을 것이다. 주민들은 늘 화재가 걱정거리였다. 그런데 마을 뒤 사찰의 스님이 그 이야기를 듣고 이렇게 말했다. "돌로 거북이 한 쌍을 만들어 마을의 보洑 밑에 묻으면 불이 나지 않을 것이네." 시킨 대로 돌거북을 만들어 묻었더니 그 이후론 정말 마을에 화재가 없더란다.

거북이산이 주민들의 의식에 뿌리내리면서 곳곳에 설화도 생겨났다. 이야기가 되었다는 것은 주민공동체의 생활 속으로 들어왔

일제강점기에 신작로 공사로 잘려나간 구지봉 거북이의 목.
1992년에 시민들의 요청으로 김해시에서 터널을 조성하여 맥을 이어놓았다.
그렇지만 차량이 목을 관통하고 지나다니는 형국이다.
차라리 지하 터널이라도 조성했으면 좋겠다.

다는 증거다. 충북 진천의 사동마을에 거북바위 전설이 있다. 마을 뒤 거북산 산꼭대기에 거북바위가 있는데 임진왜란 때 명나라 장수 이여송이 목을 잘랐다는 것이다. 흔한 단맥斷脈 설화의 하나다.

거북바위의 수난은 여기에 그치지 않았다. 속리산 법주사 뒤에 있는 수정봉 거북바위도 유명하다. "중국 술사가 보고 와서 하는 말이, 중국의 재물과 비단이 날마다 동쪽으로 넘어오는 것을 나는 무슨 까닭인지 몰랐더니, 이제 알고 보니 이 물건이었구나 하고, 그 머리를 잘랐다." 『신증동국여지승람』의 기록이다. 민간 버전은 조금 변형됐다. "당 태종이 세수를 하는데 거북형상이 비쳤다. 술사에게 물으니 동쪽 나라 명산에 있는 거북바위 때문이라고 했다." 후세 사람들은 거북바위 목을 이어놓았다. 이동항1736~1804은 「속리산유람기」에, "재와 진흙을 이겨서 거북의 머리를 잇고 탑을 세워 진혼을 해주었다"고 했다. 지금 그 거북바위는 목을 견고하게 붙인 흔적이 뚜렷하다.

또 있다. 일제강점기에는 김해 구지봉의 목이 신작로를 낸다는 구실로 잘려나갔다. 나라를 앗긴 판에 고장의 신성한 산이던 구지봉 목까지 잘린 모습을 바라보는 김해 주민들의 처참한 심경이 어떠했을까. 1992년에야 터널을 조성하여 가까스로 목줄기 위가 이어졌지만 지금도 차들은 뻥 뚫린 거북이목 안으로 그대로 지나다닌다.

구지봉은 김해의 진산인 분성산327m 서편 기슭으로 돌출한 자그마한 언덕이다. 조선시대 지리지에는 구지산이란 명칭으로도 나온다. 거북이산 몸통 쪽에는 189년에 조성된 것으로 알려진 수로왕비릉이 있고, 남쪽 앞으로는 김해 수로왕릉이 있다. 가야의 성소 중에 성소인 것이다. 봉우리 정상에는 기원전 4세기경으로 추정되는 고인돌도 놓여 있어 이 산에 서린 인간의 오랜 자취를 짐작케 한다.

거북이산은 또 풍수와 결합되면서 의미가 풍부해졌다. 남 주작 북 현무의 그 현무가 거북이다. 현무의 생김새는 거북의 몸통에 뱀과 같은 길쭉한 목 줄기를 가졌다. 현무는 원래 천문도의 28수 중 북쪽의 수호 별자리다. 그 하늘의 현무가 땅의 현무로, 명당의 뒷산으로 되었다. 현무는 거북이가 머리를 숙인 듯 명당으로 들어오는 모양새가 좋다고 풍수에서는 여겼다.

구지봉의 거북이 형국 몸통부에 자리 잡고 있는
허황후릉. 김해 금관가야 왕후의 능묘가 입지하였다는 사실은
구지봉의 장소적 신성성과 관련이 깊다.

거북 형국의 명당도 생겨났다. 금거북이가 진흙으로 들어가는 형국金龜沒泥形, 금거북이가 꼬리를 끄는 형국金龜曳尾形 등이 흔히 알려진 거북명당이다. 지리산 기슭 구례 오미리에는 금거북이 진흙으로 들어가는 금구몰니형 명당이 있다고 알려졌다. 집주인 유씨의 선대가 지금의 운조루에 터를 닦는데 거북돌을 발견하고 거북명당이라고 믿었다는 이야기도 전한다. 남원 양씨 종가가 자리 잡은 전북 순창 무량산586m, 원래는 龜岳山에는 거북명당이 있다고 전해 내려오며, 그래서 마을이름도 구미리龜尾里라고 했다.

거북이산은 조경의 중요한 요인이 되기도 했다. 경기도 분당의 중앙공원 안에 한산 이씨 묘역과 고가, 연못이 있는데, 못의 조성

유래는 거북이산 형국과 관련됐다. 거북이는 물이 있어야 한다고 해서 주민들이 만들었다는 이야기가 전한다.

수십 만 년에 걸쳐 풍화되고 침식되면서 완만한 산지로 형성된 한국의 지형 모습은 거북이와 많이 닮았다. 나지막하고 유순한 산기슭 아래는 터 잡고 농사 지으며 무리지어 살기도 좋았다. 삶터 주위의 곳곳에 있는 거북이산은 거북이를 닮은 주변 산지를 신성한 영물로, 살아 있는 유기체로 비유한 상징경관이었다. 그런 곳에 마을이 서고, 조경도 하고, 지킴이로도 쓰고, 이야기도 꾸며 산과 소통하는 시스템을 이루었다. 거북이산 스토리텔링은 거북 이미지로 주민들이 산과 대화한 가족사 일기 같은 것이었다.

풍수학자 최창조 선생은 우리 국토를 "대륙의 동북쪽으로 향하여 서서히, 줄기차게 기어오르는 거북"으로 비유한 적이 있다. 그 말이 기억나 한반도 지도를 볼 때마다, 푸른 산천을 등에 지고 금빛 햇살을 받으며 오르는 거북이를 떠올려보곤 한다.

# 호랑이산 생활사 코드

## 산신령과 호랑이

"호랑이도 제 말하면 온다"는 속담이 있듯 호랑이는 한국인들의 생활사에 깊숙이 들어와 있는 맹수이다. 선사시대 유적인 반구대 암각화와 고조선 건국신화에서부터 호랑이가 등장하니 우리와 얼마나 오랫동안 관계를 맺어왔는지 알 수 있다.

한국은 호랑이 나라라고 할 수 있을 정도로 과거에는 호랑이가 많았다. 궁궐이든 마을이든 전국 어디에나 출몰해 호환을 당하는 일도 많았다. 곶감이 호랑이보다 무섭다는 '호랑이와 곶감' 이야기, 고양이처럼 귀엽고 우스꽝스런 얼굴을 한 '까치호랑이' 민화를 보면, 서민들이 얼마나 호랑이를 친근하게 생각했는지도 알 수 있다. 호랑이는 지킴이이기도 했다. 「맹호도」나 호랑이발톱노리개 등은 병과 액운을 쫓는 기능으로 민간에서 쓰였다. 호랑이는 물리쳐야 할 대상이면서 사람을 수호하는 신성을 띠기도 했던 것이다.

「산신도」에서 산신은 호랑이를 거느리고 있다. 호랑이를 산신으로 섬긴 토템의 흔적이다. 호랑이는 두렵고 사나운 상징이기에 예부터 신앙의 대상이었다. "호랑이에게 제사를 지내고 신으로 섬긴다." 『후한서』 동이전의 기록이다. 호랑이신앙은 늦어도 고조선 시

민화 속에서 어리숙한 모습을 하고 있는 호랑이를 보면
서민들이 얼마나 호랑이를 친근하게 여겼는지 볼 수 있다.
작자 미상, 「운포필호도」.

대부터 시작되어 있었음을 알 수 있다. 조선 후기 백과사전인 『오주연문장전산고』에, "호랑이를 산군山君이라 하여 무당이 진산鎭山에서 도당제를 올렸다"는 서술로 보아 당시까지 호랑이신앙이 이어져 내려왔음도 확인된다. 민간에서는 산신을 호랑이와 동일시했기에, 호랑이를 산신령 또는 산왕대신山王大神으로 불렀다.

호랑이 산신을 섬기게 된 데에는 전래의 화전火田 생활사와도 밀

민간에서는 산신을 호랑이와 동일시했다.
작자 미상, 「산신과 호랑이」.

접한 관련이 있다. 화전은 고대적 농경방식이지만, 정약용이 『경세유표』에서 "조선 후기까지도 그 규모가 평전平田과 비슷했다"고 말했을 정도로 수많은 사람이 화전을 해서 먹고살았다. 일제강점기에는 토지조사사업 등으로 농촌에서 쫓겨난 사람들이 산간에 화전을 일구는 경우도 흔했다.

화전민들이 호랑이에게 입은 피해는 극심했다. 호식총虎食塚이

김홍도, 「송하맹호도」.

라는 독특한 장묘 풍습이 그 생활사의 흔적이다. 호랑이에게 당한 유해는 화장하여 그 자리에 돌무덤을 만든다. 그리고 시루를 엎어 놓고 쇠 젓가락을 꼽는다. 호식총의 분포는 전국적이나 백두대간의 태백산 권역에 집중되어 있다.

산촌 사람들이 호랑이의 피해를 막기 위해 가옥에 설치하는 호망虎網도 있었다. 굵은 밧줄로 망을 엮어 서까래에서 마당으로 늘어뜨려 그물을 치는 것이다. 또 영동 지역에는 산멕이라는 호환방지 신앙의례도 있었다. 주민들이 산에 들어가서 지내는 일종의 산신제다. 산멕이라는 말이 흥미롭다. 살아 있는 존재처럼 산에게 음식을 먹인다는 것이다. 음식을 대접하는 대상은 산신이나 호랑이였다. 강원도 삼척의 일부 지역에서는 백호를 서낭신으로 모시기도 했다.

## 사납고 우뚝한 기세의 호랑이산

화등잔처럼 커다란 눈을 부라리고 있는 김홍도의 「송하맹호도」松下猛虎圖를 보면 머리털이 곤두설 정도로 사실적이다. 그런 호랑이의 두려운 이미지가 산에도 투영되었다. 호랑이의 기세처럼 사나운 모습으로 바위가 곤두서 있는 돌투성이 산이나, 흡사 호랑이가 앉아 있는 모양새로 보이면 호랑이산이라는 이름을 붙였다. 지명으로는 호산, 호암산, 임호산 등으로 다양한 명칭이 나온다.

경북 청도의 대천리와 순지리에 걸쳐 있는 호산314m은 형상이 호랑이 머리와 같아서 붙여진 이름이라고 한다. 전남 영암 신북면과 나주 반남면 경계에 위치한 호산156m도 같은 이름이다. 바위산으로 호암산虎巖山은 서울 시흥, 경기 이천, 충남 부여, 전남 여수, 북한의 평강 등에 있다. 임호산林虎山은 경남 김해에 읍내를 마주하고 웅크리고 앉아 있다. 용호산龍虎山은 경남 통영과 경기 연천에 있다. 그 밖에도 호랑이산은 숱하게 많다.

이웃 중국과 일본에도 호랑이산이 있을까? 중국 강서성에 있는 용호산이 유명하다. 남쪽 봉우리는 용처럼, 북쪽 봉우리는 호랑이처럼 보인다고 해서 붙여진 이름이란다. 산의 경치가 신비스러워 도교의 성지가 되었다. 일본에는 호랑이가 서식하지 않았다. 그래서 호랑이산으로 비유되는 산은 있지만 우리처럼 생활사에 다가와 있는 산은 아니다.

풍수가 우리 땅에 적용되면서 호랑이산은 사람들과 더 가까워졌고, 더 의미 있는 장소가 되었다. 한국 사람이라면 풍수는 몰라도 좌청룡 우백호는 알고 있다. 그 우백호가 호랑이다. 명당터에서 바라보는 오른편 산을 백호라고 한다. 한양의 우백호는 인왕산이다. "인왕산 모르는 호랑이가 없다"는 말이 있을 정도로 인왕산에는 호랑이가 많았다. 태종 10년1405 7월 25일, "밤에 호랑이가 근정전 뜰에 들어왔다." 『조선왕조실록』의 기록이다.

풍수에서 백호는 명당터를 보고 순하게 쭈그려 앉은 모양새가 좋다고 보았고, 왼편의 청룡에 비해서 지나치게 크거나 높으면 좋지 않다고 해석했다. 왜 백호일까? 원래 백호는 동아시아 천문도에서 서쪽을 관장하는 별자리로, 사신四神의 하나였다. 장소지킴이의 수호별이었다. 별 백호가 풍수사상과 결합하여 산 백호로 확장된 것이다.

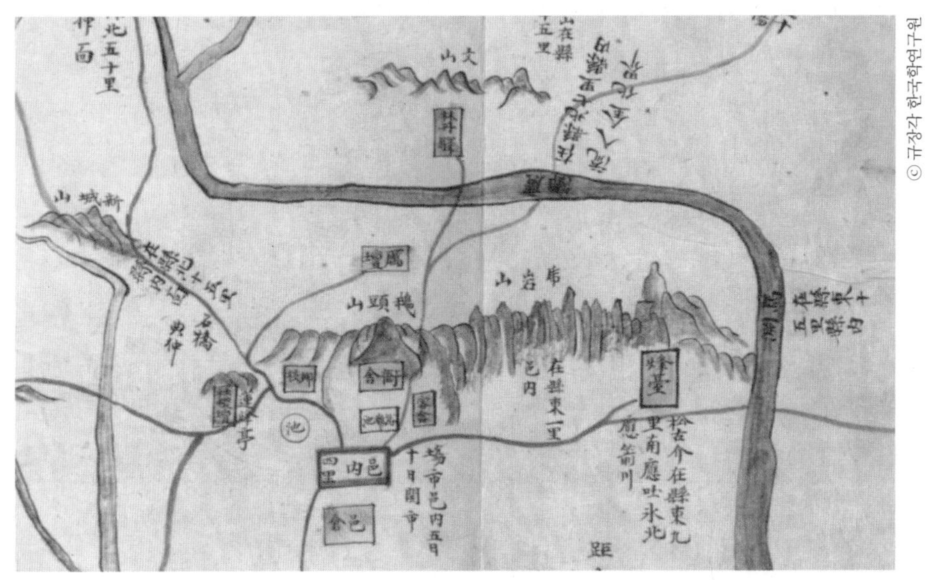



호암산의 모습(『1872년 지방지도』 강원도 평강).
험준한 바위산의 모습이 호랑이로 이미지화되어
산 이름으로 표상되었다.

전형적인 풍수 명당의 하나로 호랑이 형국도 생겨났다. '사나운 호랑이가 숲에서 나오는 형국'맹호출림형이 대표적이다. 경기도 이천 백사면에 호암산이라고 있다. 능선에 호랑이 형상으로 생긴 바위가 있다고 해서 붙여진 이름이다. 이 산으로 인해 예로부터 명인이 많이 태어났다고 믿었다. 그래서 일제강점기 때 일본인들이 혈을 자르려고 말뚝을 박고, 호랑이 눈 부위의 돌을 뽑아 제방을 쌓았다. 그 후로 명인이 나지 않았다고 한다. 전국 어디에나 있는 단맥斷脈 설화다. 그 호암산에는 호암사虎巖寺라는 옛 절이 있었다.

가뜩이나 호랑이가 무서운 판에 호랑이처럼 사나운 산이 있어 위협적으로 보일 때는 제압했다. 서울 금천구 시흥동에도 호암산

서울 시흥동 호암산의 거친 기세.
호랑이가 뛰어내리려 웅크리고 있는 모습이다.
왼편이 머리고 오른편으로 어깻죽지, 등, 허벅지로 이어진다.
호암산 아래에는 호압사라는 이름의 절이 있다.

이 있다. 그 산에는 호압사虎壓寺라는 재미난 이름의 절이 있다. 호랑이를 제압하는 절이라는 뜻이다. 왜 이런 절이 세워졌을까? 『신증동국여지승람』에 관련 기록이 있다. "호암산은 우뚝한 형세가 범이 가는 것 같고, 또 험하고 위태한 바위가 있는데 호암이라 부른다. 북쪽에 궁교弓橋와 사자암獅子庵이 있는데 모두 범이 가는 듯한 산세를 누르려는 것이다." 『시흥군읍지』1899에는 동화 같은 돌개石狗 이야기도 나온다. "산이 호랑이가 걸터앉은 듯하다. 한양에 도읍을 정했을 때 돌로 만든 개 네 마리로 지키도록 했다."

호랑이 기운을 눌러 해결하다

조선 건국 초의 일이었다. 태조가 만년의 사직을 위해 한양에 궁궐을 짓는데, 이상하게도 허물어져 내리는 일이 반복되었다. 목수들을 불러서 그 까닭을 물었다. 대답인즉 밤마다 호랑이가 달려드는 꿈에 시달리고 있는데, 반은 호랑이고 반은 형체도 알 수 없는 괴물이 궁궐을 부순다는 것이었다. 고민하던 어느 날, 홀연 수염을 길게 늘어뜨린 한 노인이 꿈에 나타났다. "저기 한강 남쪽에 있는 산봉우리를 보시오." 호암산이었다. 이성계는 비로소 궁궐이 무너져 내린 까닭을 알아차렸다. 즉시 저 산봉우리의 기세를 누를 방도를 물었다. 노인은 대답했다. "호랑이는 본시 꼬리를 밟히면 꼼짝하지 못하는 짐승이오. 그 꼬리 부분에 절을 지으면 만사가 순조로울 것이오." 하고는 사라졌다. 놀라 잠을 깬 이성계는 당장 그곳에 절을 지었는데 그 절이 호압사이고, 꿈속의 노인은 무학대사란다.

호압사는 호암산의 꼬리 부분을 마주하고 입지했다. 인근 상도동에는 사자암도 있다. 사자로 호랑이를 경계하려는 뜻이다. 활의 역할을 하는 궁교도, 호암산에 남아 있는 돌개도 호랑이산을 견제한다는 의미를 지닌다. 호암산에 대한 삼중·사중의 안전장치를 하고 있는 셈이다.

김해의 임호산179m에 얽힌 이야기도 흥미롭다. 산이 고을을 바라보며 앉은 호랑이 모습을 하였다. 김해 사람들은 호랑이산의 기운이 고을에 해나 끼치지 않을까 늘 걱정이었다. 어떻게 방비했을까? 절을 들여세웠다. 그것도 호랑이 아가리 부위에 말이다. 부처님의 위력과 자비로 산호랑이가 다스려질 것이라는 굳은 믿음과 함께. 지금도 흥부암興府庵이라는 이름으로 남아 있다.

호랑이산으로 인한 민속놀이도 생겨났다. 전남 영암 도포리의 도포제 줄다리기다. 150여 년의 내력이 있는데 음력 정월 5일과 칠월 칠석에 행해진다. 유래가 재미있다. 마을 주위로 서쪽에는 사자산이, 북쪽에는 호산虎山이 있는데, 마을산은 돼지산이고 마을터는 돼지형국이란다. 맹수가 언제 덮칠 지 모르는 불안한 입지 형세인 것이다. 마을사람들은 어떻게 슬기롭게 해결했을까? 돼지산에 천제단을 모시고 하늘제사를 올린 뒤, 무사가 호랑이산과 사자산을 겨냥해 화살을 쏘는 주술 의식을 한다. 이어서 줄다리기를 한다. 호랑이산에서 빚어진 집단적인 불안의식을 흥겨운 놀이로 무마했던 마을공동체 축제다.

이처럼 한국 사람들에게 호랑이와 호랑이산은 풍수, 민속, 종교, 설화, 놀이와 의례 등과 결합된 복합적인 문화코드의 생활사였다. 근대에는 국토 모양을 호랑이로 본 일도 유명하다. 일제강점기 때 고토 분지로小藤 文次郎가 한반도의 형상을 토끼로 비유하자 최남선이 발끈하여 호랑이 지도를 그렸다. "무한한 포부와 용기로 아시아 대륙과 세계에 웅비하려는 맹호"라고 했다. 호랑이산 코드가 호랑이 한반도로 버전업된 것이다.

# 물고기산이 품은 수수께끼

## 물고기와 불교

산은 바다와 동떨어진 듯 보이지만 사실 그렇지 않다. 바닷물이 빠지면 산이고 차면 섬이다. 삼면이 바다로 둘러싸인 우리나라는 해양의 영향이 클 수밖에 없다. 특히 해안 지역의 산에는 해양문화의 영향이 강하게 나타난다. 바다의 속성상 문화요소의 이동과 전파 범위가 넓은 것도 특징이다. 우리 산에는 해양문화의 단면이 어떤 모습으로 나타날까?

무명실로 칭칭 감은 마른 북어를 드나드는 문 위에 걸어놓은 모습은 우리 주변에서 그리 낯설지 않은 풍경이다. 마을 신앙물인 장승이나 솟대, 돌탑에도 때때로 북어가 제물로 올려져 있다. 왜 하필 물고기인가. 그러고 보니 사찰 추녀의 풍경에도 물고기가 매달려 있고 범종각의 목어木魚도 물고기다. 생활용품에서 옛 옷장이나 뒤주의 자물쇠도 앙증맞은 물고기 장식을 했다.

고대의 건국신화에도 물고기가 등장한다. 고구려의 주몽이 부여를 떠나 남하할 때, 물고기와 자라가 떠올라 다리를 만들어줘서 강을 건널 수 있었다. 『삼국사기』 이야기다. 물고기에 대한 고대인들의 신앙적 관념이 드러난다. 고려의 윤관 장군 설화도 비슷하다. 거

만어산 너덜 바다의 자연미학.
바위 하나하나가 물고기로 상징되었다.
일연은 『삼국유사』에서, "동해의 물고기와 용이 화하여
골짜기 속에 가득 찬 돌이 되었다"고 했다.

란에 쫓겨 강가로 이르자 잉어들이 다리를 만들어 무사히 건넜단다. 그래서 파평 윤씨들은 잉어를 성스럽게 생각하고 먹지 않는다. 동아시아의 설화에서 잉어는 용왕의 아들로 흔히 등장한다. 어부가 잉어를 잡았는데 애원하는 눈을 보고 놓아주자 꿈에 구슬을 줘서 잘 살았다는 '잉어의 보은 설화', 효자가 잉어로 병든 어머니를 살렸다는 '효자와 잉어 설화'도 유명하다.

풍수에는 물고기 명당도 있다. 전북 임실의 백련산에는 잉어 명당이 있는데, 주위에 있는 세 봉우리 이름이 재미있다. 그물봉, 작

살봉, 다래기봉이란다. 모두 잉어 잡는 용구세트로 구성된 봉우리 이름이다. 지방 주민들의 신성한 물고기 관념이 풍수사상과 결합해서 드러난 문화현상이다. '물고기가 파도 타며 노니는 유어농파형遊魚弄波形 명당 형국'이 진주에서 조사됐다는 기록도 무라야마 지준의 『조선의 풍수』1931에 나온다.

산 이름에 물고기魚가 들어 있는 것은 또 무슨 이유일까? 김해에 신어산神魚山이 있고, 밀양에 만어산萬魚山이 있다. 어곡산魚谷山은 경남 양산 어곡동에 있고, 어래산魚來山도 경북 경주 옥산리에 있다. 어룡산魚龍山은 경북 문경 저음리에 있는데, 물고기와 용신앙이 결합되어 산 이름이 됐다.

경기 가평과 양평 경계의 어비산魚飛山은 지명 유래가 전한다. 옛날에 신선이 한강에서 물고기를 잡고 고개를 넘다가 잠시 쉬고 있었는데, 망태 속에 담겨 있던 고기가 갑자기 뛰어올라 유명산 뒤쪽 산에 떨어져 어비산이라 부른다는 것이다. 신선사상까지 투영된 모습이다.

> 동국의 남쪽에 명산이 있어 그 산꼭대기에 50여 척 높이의 큰 바위가 있고, 그 바위 한가운데 샘이 있으며 물빛이 금색이다. 물속에 범천梵天의 물고기가 놀고 있다. 그래서 산 이름을 금정산金井山이라 하고, 절을 범어사梵魚寺라 한다.

부산 금정산801m 범어사의 창건 유래를 전하는 『신증동국여지승람』의 옛 기록이다. 여기서 범천은 불교의 우주관에서 하늘을 일컫는 것이니, 물고기신앙이 어디서 비롯했는지, 사상적 배경은 무엇인지를 암시하는 단서가 된다. 불교와 함께 등장한 것이다.

이웃 나라의 사정은 어떨까? 어산魚山이라는 이름의 산이 중국 산동성 동아현 서쪽에 있다. 산 모양새가 물고기 비늘처럼 생겼다고 한다. 어산은 위 무제의 아들 조식이 범천의 소리를 듣고 범패를 만들었다는 현장으로도 유명하다. 그래서 흔히 불교의 범패를 어산이라고도 부른다. 일본 교토의 오하라大原도 예전부터 교잔魚山이라고 불리며 범패의 수련 장소였다고 한다.

## 왜 하필 물고기인가

물고기가 신앙이 되는 것은 항상 눈을 뜨고 있어 재액을 방비해주고 지켜준다는 믿음 때문이다. 벽사辟邪의 상징인 것이다. 물에서 자유자재로 지내는 물고기는 물을 관장하는 수신으로서 신의 성격도 띤다. 김수로왕릉 입구 현판에 두 마리 물고기가 파사석탑을 마주 보고 있는 문양도 잘 알려져 있다. 신라 왕족의 허리띠에 물고기 장식이 나타나는 것도 이러한 잔영이다. 물고기는 불교에서 부처를 지키는 신물로도 쓰였다. 물고기산이 있는 사찰의 불단에 물고기 장식이 있는 경우가 그것이다. 밀양 만어산 만어사가 그렇고, 양산 어곡산 근방의 내원사와 계원사도 그렇다.

물고기신앙은 고대 가야와 신라 영역에 널리 퍼져 있었다. 우리에게 물고기신앙이 처음 들어온 것은 김수로왕비 허황옥이 남방의 아유타국에서 중국을 거쳐 김해로 오면서 물고기신앙도 함께 들여왔다는 설이 있다. 중국 연해에서 쿠로시오 해류를 타고 바닷길로

김수로왕릉 입구 현판에 두 마리 물고기가
파사석탑을 마주 보고 있는 문양.
물고기는 항상 눈을 뜨고 있어 재액을 방비하고
지켜주는 벽사(辟邪)의 상징이 된다.

온 것이다. 가야라는 이름 자체가 남인도와 네팔 등지에서 쓰이는 드라비다어로 물고기를 뜻한다는 견해도 있다. 그렇다면 물고기신앙은 허황옥이 들여온 남방불교의 전래와 함께 묻어서 가야 지역으로 도입되었을 가능성도 짙다.

해양의 물고기신앙은 한반도로 들어와 육지의 산악신앙과 결부되었다. 그러면서 신앙적인 힘이 한층 더 강력해졌다. '물고기산'이 나라와 고장을 수호해주는 것이다. 산 전체가 거대한 물고기 신체神體가 되었다. 이름하여 신어산神魚山, 630m이다. 신어산은 김해

신어산(神魚山)의 위용. 김해의 지킴이산이다.
해양의 물고기신앙이 한반도로 들어와 육지의 산악신앙과 결부된 흔적이다.
산 전체가 거대한 물고기신이 되어 나라와 고장을 수호해준다.

의 뒤를 든든하게 받쳐주고 있는 금관가야의 지킴이산이었다. 김해 고을의 진산인 분성산327m은 신어산에서 맥이 뻗는다. 신어산은 조선 초기에 편찬된 『경상도지리지』1425에 김해도호부의 명산으로 수록됐다.

## 만어산을 바라보는 시선들

신어산 북쪽으로 밀양의 동남쪽에는 만어산萬魚山, 670m도 생겨났다. 이름처럼 수만 마리의 물고기가 운집한 신산神山이었다. 그 물고기는 만어산의 돌너덜이 상징화된 것이다. 너덜의 수많은 돌을 물고기 상징으로 해석한 일연은 『삼국유사』에서, "동해의 물고기와 용이 화하여 골짜기 속에 가득 찬 돌이 되었다"고 했다. 이러한 견해는 당시 가야 주민들의 산에 대한 인식과 물고기신앙이 그대로 반영된 것으로 보인다.

그는 만어산의 유래에 대해서도 불교적인 견해를 제시했다. 인도의 아야사산魚山의 불적佛跡과 비슷하여 같은 이름을 붙였다는 해석이다. 북천축 가라국 골짜기의 돌에는 금과 옥 소리가 나고, 부처의 영상이 멀리서 비치는 기이한 자취라는 것이다. 일연은 그 사실을 확인하기 위하여 직접 만어산에 답사 와서 돌을 두드려보고 종경소리가 나는 것을 확인했다. 그래서 산 이름이 어산이 되었고 그 물고기산의 유래는 인도라는 것이다.

만어산을 바라보는 다른 시선도 생겼다. 다섯 명의 나찰녀가 그 산에 산다는 부정적인 해석이다. 나찰은 불교에서 악귀惡鬼를 총칭하여 이르는 말이다. 『삼국유사』에서는 만어산 나찰녀가 "가야의 옥지玉池에 사는 독룡과 서로 왕래 교통하여 번개와 비를 때때로 내림으로써 4년 동안이나 오곡이 되지 않았다"고 했다. 만어산 악귀가 풍수해를 일으키는 장본인이라는 것이다. "이 사실을 안 가야의 수로왕은 독룡과 나찰녀를 진압하기 위해서 주술로 금하려 하였으나 여의치 못해 부처에게 청했는데, 부처가 설법한 후에야 나찰녀가 5계를 받아 그 뒤에는 재해가 없어졌다"고 일연은 『삼국유사』에서 적었다.

만어사는 이런 전설 때문에 생겼다. 만어산 나찰녀를 진압하고 자연재해를 다스리려 조성한 비보사찰인 것이다. 그 만어사 대웅전 불상 대좌에 물고기가 새겨져 있다.

밀양의 동북쪽 만어산 너덜.
검은 돌무더기가 쏟아져 내려와 바다를 이루는 기이한 광경은
나찰녀가 살고 있다고 해석되었다.

왜 만어산에 대해 이런 부정적인 인식이 생겼는지는 현장을 보면 눈으로 확인할 수 있다. 검은 돌무더기 바다가 매우 이질적인 경관상을 보이기 때문이다. 산머리턱에서 검은 돌들이 쏟아져 내려와 거대한 너덜지대를 이루고, 돌 틈 아래에는 미궁처럼 무엇이 있는지 알 수도 없다. 이렇게 기이한 경관 이미지가 악귀가 산다고 해석된 것이다. 우리말로 너덜, 너덜겅 혹은 돌너덜이라고 하는 암괴류巖塊流, Block stream다. 만어산 암괴류는 규모가 크고 학술적 · 경관적 가치를 인정받아 천연기념물로 지정됐다.

왜 이런 지형이 형성되었을까? 기반암을 뚫고 들어온 암석이 융기해 팽창하면서 압력에 의해 갈라지고 틈이 생긴다. 땅속에서 오랜 시간 풍화를 받아 쪼개진 돌덩어리들이 만들어진다. 기온이 오르면 얼었던 토석이 반죽처럼 물러지면서 경사진 아래로 미끄러져 내린다. 물에 의해 흙이 씻겨 내려가고 돌덩이들이 드러난다. 빙하기가 지나자 돌덩이들은 그 자리에 화석처럼 고정된다. 한국의 산지 사면에 종종 나타나는 돌너덜의 형성 과정이다.

신어산과 만어산을 포함하는 지역은 모두 가야 권역이었다. 물고기신앙이 유입되었던 시기인 1~3세기에는 작은 나라들이 김해를 중심으로 동래, 함안, 고성 등 낙동강 하류와 경남 해안 지방에 분포하고 있었다. 이 일대는 남해바다와 연해 있을 뿐만 아니라 밀양강과 낙동강이 합류되는 유역권으로, 내륙의 수운水運과 도로 교통의 요지이기도 하였다. 해양을 통한 문화교류가 활발할 수 있는 지리적 조건을 갖춘 지역인 것이다.

인도에서 중국을 건너와 쿠로시오 해류의 바닷길을 타고 불교와 함께 유입된 고대의 물고기신앙은 한반도에 들어와 전래의 산악문화와 결합하여 물고기산으로 진화됐다. 옛 인도의 물고기산이 불교의 전파와 함께 한반도를 비롯한 동아시아의 산 이름에 영향을 주었을 가능성도 배제할 수 없다.

우리나라에 물고기산 이름은 시기적으로 언제 생겨났는지, 신어산과 같은 해안 지역은 그렇다고 해도 내륙에 나타나는 물고기산은 또 무슨 영문인지, 이래저래 풀어야 할 수수께끼는 아직도 많이 남아 있다.

# 꽃뫼와 연화산의 미학

## 바다 구름 흩어지자 빛은 연꽃 드러나네

산과 꽃의 인문학적 · 미학적 만남이 있었다. 꽃은 문학과 예술의 소재로 상징과 기호의 아름다움을 피웠다. 우리 산 가운데 꽃뫼와 연화산도 그렇다. "공중에 높이 솟은 세 송이 푸른 연꽃, 아득한 구름 안개 몇 만 겹인고……." 고려의 오순吳旬이 삼각산을 읊은 시다. 옛사람들의 시심詩心으로 표현된 북한산의 자태다. 요즘 식으로 보자면 화강암이 풍화되어 노출된 세 봉우리가, 옛 문인의 눈엔 하늘 높이 솟은 연꽃으로 비친 것이다. 북한산은 화산華山이라고도 불렸다. "화산 남쪽華山南 한수 북쪽漢水北 조선 승지朝鮮勝地"로 시작하며 한양의 도읍지를 기린 변계량1369~1430의 「화산별곡」1425도 그 화산이다. 꽃뫼다.

천하의 명산 금강산도 연꽃의 자태로 자주 비유되었다. 권근1352~1409은 "천 개 만 개의 봉우리, 바다 구름 흩어지자 빛은 연꽃 드러나네"라고 생생하게 읊었다. "부용을 고잣는꽂았는 듯 백옥을 뭇것는묶었는 듯" 정철1536~1593이 「관동별곡」1580에서 형용한 금강산의 모습이다. 정선1676~1759도 「금강전도」1734 윗머리에, "만이천봉 개골산 누가 참모습을 그릴 수 있을까? 송이송이 부용연꽃이 흰

정선, 「금강내산총도」.
금강산 봉우리들이 활짝 핀 꽃처럼 묘사되었다.

빛 드러내고……"라고 화제시畵題詩를 적어놓았다. 금강산의 맑고 밝은 봉우리들이 연꽃으로 찬미된 것이다.

> 산아 산아 추영산아, 높이 떴다 백두산아,
> 잎이 피면 청산이요, 꽃이 피면 화산이오,
> 청산, 화산 넘어가면 우리 부모 보련마는……

연꽃은 화산(華山) 또는 연화산의 표상이 된 꽃이다.
연화장 세계의 불국정토 관념과 함께 꽃의 정결한 이미지가 합쳐져
우리 산 이름에 흔히 쓰인다.

강강술래 노래 가사다. 우리 산에 대한 정겨움과 부모를 향한 그리움이 하나로 사무쳐 노랫가락이 됐다. 정조가 본 화산의 아름다움도 빼놓을 수 없다. 아버지 사도세자를 모실 화산에 특별한 애정이 있었던 정조는 고을까지 옮기고 능역을 조성했다. "화산의 산줄기가 100리에 오롯한 기운이 모여 만들어진 천년에 한 번 만날 길지"라고 했다. 그 화산꽃뫼의 꽃은 곶串을 차자借字했다는 언어학적인 견해도 있다. 수원의 화성華城도 돌출한 지형인 곶에서 꽃으로, 화華로 한역됐다는 것이다.

풍수에서는 꽃뫼를 어떤 의미로 볼까? 연꽃 명당으로 대표적인 것으로는 '연꽃이 물에 떠 있는 연화부수형 형국'蓮花浮水形이다. 하천가에 있는 도도록한 터를 연꽃이 핀 모양새로 본 것이다. 안동

안동 하회마을의 연화부수형 형국.
물이 휘돌아 나가는 하천가의 도도록한 터를 연꽃이 물에 떠 있는 형국으로 보았다.

경남 고성 연화산의 모습.
연밥처럼 산체가 두툼하다.
옥천사가 들어서 있다. 연화산 이름을 얻은 후
이 일대는 연화장 정토세계로 탈바꿈했다.

하회마을의 풍수 형국으로도 잘 알려져 있다. 그 하회마을을 이루고 있는 주산이 바로 화산花山, 271m이다. 꽃뫼라고도 한다. 마을 앞을 휘감아 흐르는 내는 꽃내花川라 한다. 부용대芙蓉臺도 있다. 강 너머에 우뚝 서 있는 바위절벽 이름이다. 부용대에서 마을은 한눈에 들어온다. 예부터 하회마을 사람들은 부용대에서 강가 소나무숲 아래 만송정으로 줄을 놓고 휘영청 달뜬 7월 기망에 줄불놀이를 했다. 꽃뫼를 둘러 흐르는 꽃내 위에 펼쳐진 꽃불놀이다. 자연미에 더한 기막힌 심미審美가 아닐 수 없다.

꽃 명당은 또 있다. '매화가 땅에 떨어진 매화낙지형 형국'梅花落

연화산 남쪽의 시루봉 위에서 바라본 전망.
남으로는 푸른 남해바다가 눈앞에 아련하고,
북으로는 지리산 주능선과 합천 황매산도 보인다.
사천의 와룡산도 손에 잡힐 듯 가까이 있다.

地形이다. 매화가 많은 매실을 맺듯이 다산과 풍요의 상징으로 해석된다. 전국의 곳곳에 산 이름, 동네 이름으로 매화 산과 마을이 있다. 우리 땅에서 벌어진 꽃잔치다. 삼천리금수강산에서 그야말로 첨화라고나 할까.

### 꽃으로 장식한 연화장 세계

춘천 청평사로 들어가는 입구에 영지影池라 부르는 연못이 있다. 못에는 아무런 수초가 없고 물고기가 노닐지도 않는다. 물무늬로 여울지는 낙수도 없고 적요하기조차 하다. 그 거울과 같은 수면 위

통영 연화도 용머리바위.
용이 바다로 헤엄쳐나가면서 점점이 멀어지는 이미지를 연상케 한다.
연화도는 연꽃 모양으로 생겼다고 불렀다는 유래가 전해진다.

로 산 그림자가 비친다. 부용봉芙蓉峰이다. 부용은 연꽃의 다른 이름이다. 불교에서 정토세계를 상징하는 꽃이다. 고요한 영지에 극락정토가 담긴 것이다. 전통사찰에는 드물지 않게 영지가 있었다. 경북 울진의 불영사佛影寺도 산언덕 위의 관음바위가 못에 어리어 이름지어진 것으로 유명하다. 선불교를 담아 구현한 조경사상의 깊이가 놀랍다.

불교에서 정토를 연화장 세계蓮華藏世界라고 한다. 거기엔 연꽃 위에 부처가 앉아 광명을 비춘다. 『관무량수경』은 말한다.

"극락정토에는 연꽃이 피어 있는 큰 연못이 있다. 물은 맑고 깨끗하고, 꽃들은 황금빛으로 빛난다. 극락정토의 사람들은 연지에 둘러앉아 설법을 듣는다."

그래서 연꽃은 만다라의 상징체다. 만다라는 깨달음의 진리를 구상화한 아이콘이다. 연화산은 그 연화장 세계가 장소로 구현된 현장이다. 꽃으로 장식한 산 화엄華嚴이다.

경남 고성에 있는 연화산528m은 연꽃처럼 산봉우리가 솟아 있어 이름 붙었다. 봉우리로는 연화봉도 있고, 마을로는 연화리도 있다. 입구에는 연대사蓮臺寺가 있고, 좌우로는 청련암과 백련암도 있다. 연화산에는 의상대사가 창건했다는 천년 고찰인 옥천사가 있다. 대웅전에 서서 에워싼 여러 봉우리의 모습을 보노라면 연꽃의 화심花心 속에 들어앉은 느낌이 역력하다. 연화산 봉우리들은 각각이 꽃 봉우리 한 송이씩이지만 합치면 하나의 큰 연꽃송이가 된다. 부분의 조각은 전체로 합쳐지는 우리 산의 프랙털 구조다. 나지막한 산봉우리에 불과하던 이 산은 연화산 이름을 얻은 후 연화장 정토세계로 탈바꿈했다. 불교적 세계관은 이 산에 새로운 공간적 패러다임을 창출했던 것이다.

연화산 남쪽의 시루봉 위에 올라서면 사방으로 열린 전망이 탁월하다. 남으로는 푸른 남해바다가 눈앞에 아련하고, 북으로는 지리산 주능선과 합천 황매산도 보인다. 사천의 와룡산도 손에 잡힐 듯 가까이 있다.

산에 절이 들어서고 토착화되면서 여러 산은 연꽃으로 상징된

위 | 중국 강서성 백장사를 마주하고 있는 백화산(白華山).
수많은 꽃송이가 솟아 있는 듯한 모습이다.
백장사는 선종의 거장 백장회해(百丈懷海)가 주석했던 사찰로 유명하다.
백장회해는 마조도일의 제자로 한국 구산선문의 원류가 된다.

아래 | 일본 도야마 현의 다테야마(立山).
칼날을 세우고 벼리는 듯 삼엄한 모습이다.
후지 산, 하쿠 산과 함께 일본의 3대 영산(靈山)으로 꼽힌다.

불국정토의 표상이 됐다. 연화산, 부용산, 연화봉, 부용봉 등이 그렇다. 조선시대 옛 지도에 표기된 연화산 지명만도 전국 각지에 21개나 보인다. 통영에도 연화도라는 섬이 있다. 연꽃 모양으로 생겼다고 그런 이름으로 불렀단다. 섬 전체가 온통 연꽃세상이다. 산봉우리는 연화봉212m, 얽힌 전설은 연화도사, 마을명은 연화리, 절은 연화사, 학교는 연화분교다. 이런 연화산의 상징성은 인도에서 들여온 중국의 산악불교가 우리 산에 도입되면서 비롯됐다.

중국의 화산으로는 무엇이 있을까? 오악 중 서악으로 산시성 화산2,437m이 대표적이다. 태화산太華山이라고도 불렀다. 5대 봉우리 중의 하나로 연화봉蓮花峯이 있는데, 연꽃을 닮았다고 해서 붙여진 이름이다.

극락정토가 산에 있다는 우리의 전통적인 생각과 비교해볼 때, 일본만 해도 산에 대한 이미지가 조금 다르다. 일본 중부지방의 도야마 현에 다테야마立山, 3,015m라는 산이 있다. 칼날을 세운 모습이라고 하여 이름이 유래되었단다. 후지 산富士山, 하쿠 산白山과 함께 일본의 3대 영산靈山으로 꼽히는 산이다. 알펜루트라는 산악 관광지로 유명해서 수많은 사람이 찾는다. 하쿠 산도 그렇지만, 여기는 화산火山 지형이라 사람들은 산에 불지옥이 있다고 믿는다. 화산의 모습은 지옥과 다름없는 이미지다.

한국 사람이라면 산에 지옥이 있다는 생각을 꿈에도 하지 못할 것이다. 이처럼 나라마다 산에 대한 지형적 조건에 반영된 이미지도 서로 다르다. 같은 불교의 영향이지만 하나에는 극락이 있고 다른 하나에는 지옥이 있는 것이다.

중국 섬서성의 화산(華山) 연화봉.
화산은 오악 중 서악(西岳)으로, 화강암의 기암절벽이 빼어난 명산이다.
흰빛의 봉우리가 마치 거대한 백련이 피어있는 모양새다

꽃뫼의 미학은 아름다움을 추구하는 사람들의 본성에서 발로되었다. 미학적 인간이라는 뜻인 호모에스테티쿠스Homoaestheticus라는 말을 만든 미학자 엘렌 디사나야케는, 예술을 생물학적으로 진화한 인간 본성의 한 요소라고 했다. 그렇다면 산의 미학, 산의 예술은 동아시아인들의 심미적 발현으로서, 이 또한 생물학적으로 진화된 본성의 산물일 것이다. 연화산 정토의 미학은 불교의 우주관이 동아시아의 자연과 만나 빚어낸 마음자리의 풍경이었다. 인간의 본성은 자연적이면서도 사회적인 존재라는 데에 미묘함이 있고, 그러한 속성 또한 유학사상의 심미적 지향이 되었다. 존재하는 다양성의 조화와 어우러짐의 미학은 산을 보는 우리의 시선에도 그대로 반영됐다.

경남 하동의 고내마을에서는 주위에 있는 다섯 산을 각각 호랑이, 개, 고양이, 쥐, 코끼리로 비유하여 인식했다. 이들 산이 서로 견제하면서 조화와 공존의 관계를 유지할 때 마을이 평안하지만 질서가 깨어지면 마을에 변괴가 생긴다는 전설이 있다. 고양이는 쥐를 잡으려 하지만 앙숙인 개가 견제하고, 호랑이는 개를 해치려 하지만 코끼리가 있어 마음대로 못하니, 어느 하나가 절대적으로 우세하거나 치우침 없이 전체적으로는 역동적인 평형관계로 존재할 수 있다는 것이다. 주거환경을 이루는 산의 지속가능한 공간적 보전과 유지를 보여주는 주민공동체의 시선이다. 만물상이 앙상블을 이룬 산 생태계의 모습이다.

사람에게 아름다움은 생명력의 확장과 소통에 그 본질과 기능이 있다. 중국에서 미美라는 글자의 구성과 어원을 양羊과 대大의 조합으로 푼 것이 흥미롭다. 양은 집단의 먹거리였기에, 큰 것이 아름답다는 것이다. 2015년은 을미년 양띠 해다. 어질고 순한 양의 이미지는 겨레의 심성을 닮았고 우리 산에도 투영됐다. 선조들은 산에도 양 이름을 붙여 놓았다. 전남 장성에는 백양산白羊山이 있고, 경기 이천과 충남 보령에는 양각산羊角山이 있다. 산의 모양새가 양처럼 생겨서, 두 산봉우리가 양의 뿔처럼 생겼다고 해서 그렇게 불렀다. 양산을 비롯해서 전국에 수많은 산이 서로 다른 이름과 모양으로 있지만, 전체적으로 공존하여 산 생태계의 질서와 화엄의 짜임새를 엮어내듯이, 사람들도 산처럼 어질고 더불어 살아가는 양띠 해를 소망해본다. 꽃뫼보다 아름다운 연화산 화장세계華藏世界의 꿈이다.

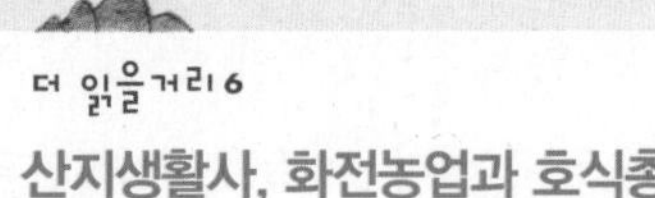

더 읽을거리 6

## 산지생활사, 화전농업과 호식총

산지생활사는 산촌사람들이 산을 삶터로 삼아 논밭을 일구고 마을을 이루어 살다가 죽어 일생을 마치는 전 과정의 생활사다. 경제사, 사회사, 풍속사, 주거사, 신앙사 등이 모두 포괄되어 복합적인 생활사 체계를 구성한다.

한국에서 산지가 개간되고 산촌이 형성된 시기는 언제부터이고 지역적인 분포는 어떻게 나타날까? 그 시초는 화전 농업사와 밀접한 관련을 맺고 있다. 화전이 언제 본격화되었는지는 분명하지 않지만, 기록에서는 신라시대까지 거슬러 올라간다. 조선 초기에 화전 면적이 늘었으며, 조선 중기에는 주요 산간지대에서 화전 경작을 했다는 기록이 있다. 조선 후기에 화전 규모가 평전과 비슷할 정도로 상당한 면적을 차지하고 있었다고 한다. 일제강점기에는 토지조사사업과 산미증식계획, 영농합리화 정책 등으로 농촌에서 쫓겨난 사람들이 산간에 화전을 일구는 경우가 많았다. 해방과 함께 화전민 수는 급격하게 줄었다. 한국전쟁 이후에 식량난으로 화전민이 다시 급증하였으나, 1968년 화전정리법을 제정·공포하면서 화전을 금지하기에 이르렀다.

화전 농업이 집중적으로 이루어졌던 지역은 개마고원지대, 청남정맥의 산악지대, 태백산에서 금강산에 이르는 일대였다. 개마고원에서 화전이 가장 성행했다. 강원도는 한북정맥과 백두대간의 접경지대 및 오대산과 태백산을 잇는 고위평탄면 일대에서 화전이 집중적으로 이루어졌다. 남부지방에서는 지리산지에서도 조선 초기부터 일제강점

호식총과 시루 및 가락
(김강산, 『호식장』, 태백문화원, 1988.)

기 무렵까지 지속적으로 화전 농업이 이루어졌다.

화전민들은 화전을 일굴 수 있는 국유림의 큰 산을 중심으로 골골마다 둥지를 틀고 살았다. 사람들의 부류는, 농사짓고 생계를 유지하려는 사람, 북한에서 승지를 찾아온 비결파, 정치사회적인 혼란을 피해 들어온 피난민들이었다. 화전민들은 골짜기에 두세 집씩 모여 사는 산촌散村이나 소촌小村 형태를 띠고 살았다.

강원도의 화전민들은 마을 수호신으로 서낭당을 모셨다. 서낭당은 커다란 신목을 중심으로 주위를 둘러 담을 쌓거나 당집을 모신 형태가 많았다. 쇠나 흙으로 말의 모양을 빚어놓은 경우도 있었다. 서낭의 신격은 말을 탄 할아버지로 표현되는 경우가 많고, 일부 지역에서는 백호를 서낭으로 모시는 경우도 있으며, 단종 서낭과 강릉의 범일국사처럼 실제 인물을 모시기도 한다.

화전민들이 호랑이에게 당한 피해는 극심했다. 태백산 권역의 생활사에서 장묘 풍속으로 호식총虎食塚과 호식장虎食葬이라는 특이한 형태가 있다. 여기에는 주민들이 호랑이에 대해 문화생태적으로 적응해

온 모습이 표현되어 있다. 산에 사는 주민이 호환을 당했을 경우, 유해를 화장하고 그 자리에 돌무덤을 만든다. 다시 위에 시루를 뒤집어 엎어놓고 가락을 꼽는다. 이것이 호식총이다. 호식총의 분포는 전국에 흩어져 있으나 백두대간의 태백산 권역을 중심으로 집중되어 있다.

호식총은 왜 돌무지 위에 시루를 엎어놓고 가락을 꽂아두었을까? 가락은 물레의 실꾸리를 감기 위해 물레줄에 의해 빙글빙글 돌아가는 쇠꼬챙이다. 시루에 가락을 꽂는 이유는 가락의 모양이 창처럼 생겨서 귀신을 찔러 제압한다는 의미이자 창귀호랑이에게 물려 죽은 귀신가 물레의 가락처럼 시루 안 제자리에서 맴돌기만 하고 빠져나오지 못하게 하려는 뜻이라고 한다.

산촌마을 사람들은 호랑이 피해를 막기 위한 여러 가지 방책이나 시설도 했다. 가옥에 설치하는 것으로 호망, 빗장, 참나무장작발 등이 있다. 호망虎網은 호랑이의 침해를 막기 위해 굵은 밧줄로 망을 엮어 서까래에서 마당으로 늘어뜨린 그물이다. 빗장은 방문에 끼우는 두꺼운 나무판자다. 참나무장작발은 참나무장작을 발처럼 엮어 방문에 드리워 호랑이를 막는 지혜였다. 신앙적 · 심리적으로 호환을 방지하려는 노력으로는 산멕이라는 것이 있었다. 정해진 날에 산제를 올리며 호환의 방지를 기원하는 신앙 의례다. 산멕이의 대상은 산신 또는 호랑이였다.

산의 문화사는 산에서 생계를 유지하고 살아가는 주민의 경제사, 마을의 사회사 그리고 민속사와 신앙사를 포괄하는 생활사다.

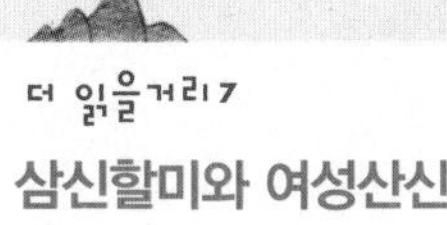

더 읽을거리 7

## 삼신할미와 여성산신

중국과 한국 사람에게 삼신산의 존재와 의미는 역사적으로 매우 컸다. 중국 문헌에서 가리키는 삼신산은 발해만 중에 있다는 봉래산蓬萊山·방장산方丈山·영주산瀛洲山이다. 그곳에는 신선이 살며, 불로장생하는 신약이 있다고 믿었다. 전국시대 말기 연·제나라의 왕들과 진시황제, 한 무제 등이 삼신산을 찾아 불사약을 구해오도록 한 이야기는 유명하다.

우리의 삼신산은 백두산 또는 태백산이라는 설도 있고, 조선 후기의 실학자들은 봉래산, 영주산, 방장산을 각각 금강산, 한라산, 지리산이라고 배정했다. 민간에서는 삼신산에 삼신할머니가 살고 있다고도 생각한다.

삼신할머니가 누구인지는 여러 다른 견해가 있지만 여성 신화 중에 기원적이고 대표적인 마고할미의 계통이다. 한라산의 설문대할망과 지리산의 노고할미 신화는 삼신할미의 전승이다. 지리산의 남사면 봉우리로 하동과 산청의 경계에 있는 삼신봉 역시 삼신산 관념과 관련이 있는 지명으로 보인다.

한라산 설문대할망에 관한 가장 오랜 문헌 기록은 조선 숙종 때 제주목사였던 이원조의 『탐라지』다. 제주도 사람들에게 설문대할망은 제주의 땅을 만든 신화적 존재로 인식된다. 한편 지리산에도 천왕봉의 마고할미와 관련된 설화가 전해 내려온다. 선도성모仙桃聖母, 마고麻古할미, 노고老姑라고 불리는데 천신天神의 딸이라고 생각한다. 전래

경북 경주시 기림사의 삼신할미

신앙과 불교신앙이 복합되었고 지리산이 마고할미 신앙의 진원지라는 사실이 표현되었다.

마고할미는 지리산에서 불도佛道를 닦고 있던 도사 반야般若를 만나 결혼해 천왕봉에서 살다 딸만 여덟 명을 낳았다. 딸들을 한 명씩 전국 팔도에 내려보냈으며, 딸들은 팔도 무당의 시조가 됐다.

신당神堂의 일종으로서 노고당 또는 할미당이라는 것도 있었다. 제주도에서는 마을 수호신당인 본향당本鄕堂에 가는 것을 흔히 할망당 간다고 한다. 노고할미는 부와 복을 가져다주는 신으로 표상된다.

할미산신의 기원은 신라의 박제상이 쓴 『부도지』의 마고할미일 것이다. 중국의 마고 신화는 우리와 차이가 난다. 중국 절강성 천태현의 천태산에 마고선녀 이야기가 전승되는데, 처녀신이고 장수를 담당하는 도교신이다. 지리산, 해남, 강화, 양주, 보은 등지에서도 마고할미 설화가 노고단 또는 노고산, 노고산성이라는 산 이름 및 자연물들과 관련되어 전승된다.

『삼국유사』에는 여성 산신으로서 선도산 성모가 있고, 가야산신 정견모주, 하백녀 유화 등이 있다. 중국에는 대모신大母神으로 인류를 창조한 여와女媧가 있고, 『산해경』에는 해와 달의 어머니로 희화羲和, 서왕모西王母와 무라武羅 등이 대표적이다. 서양에서는 그리스·로마 신화에서 나오는 가이아Gaia와 헤라Hera가 유명하다. 처음에는 여성성이 산신의 원류를 이루고 있었으나 나중에 남성성으로 주류가 바뀐 것은 가부장적인 사회구조로 변천된 사회적 배경과 맞물린 현상으로 해석된다.

# 4

# 무궁무진한 이야기들

## 산으로 빚은 생각

산천이여!

모진 역사의 격랑으로 당신을 앗겨

상처나고 얼룩졌지만,

태백산과 마니산이 그랬듯이

다시금 그대는 순수하고 늘 푸른

우리의 주인이 되리라.

# 한국인의 산천유전자, 태백산과 마니산

## 산천유전자의 랜드마크

최근 덴마크 사람들이 행복한 이유는 행복유전자라는 특정한 유전자를 가졌기 때문이라는 연구 발표가 있었다. 131개국을 대상으로 DNA의 특성을 종합 분석한 결과였다. 이 연구는 유전자에도 지역성이나 민족성이 있음을 시사한다. 한국 사람의 지역유전자로 대표할 만한 것이 뭐가 있을까? 그것은 단연 산천유전자일 것이다. 우리가 유난히 산에 끌리고 산을 좋아하는 이유도 산천유전자의 발동으로 이해할 수 있다.

우리에게 산천은 단지 물리적 자연지형만의 산천이 아니다. 사상과 정신, 역사와 문화, 삶과 생활, 조상의 살과 뼈 그 모든 것이 엉겨서 일체가 된 그 무엇이다. 산과 어우러져 일생을 살다 육신이 묻혀 삭혀지는 곳, 영혼마저도 한 오라기 연기되어 걸치는 곳. 한국 사람에게 산천이란 총체적인 관계를 맺고 있는 유전적 환경이고, 그 한국인의 몸에 형성된 유전정보는 산천유전자라고 할 수 있는 것이다.

우리에게 산천이 무엇인지를 박경리는 『토지』에서 이렇게 문학적으로 형상화하여 웅변한다. 암울한 일제강점기, 이동진은 목숨

태백산으로 밀물처럼 몰려드는 백두대간 산줄기와
올곧게 지켜 서 있는 태백산의 줏대, 주목.

을 건 독립운동을 하러 연해주로 떠나기 전, 하동 평사리에 있는 친구 최치수를 방문하였다. 최치수는 이동진에게 물었다. "자네가 마지막 강을 넘으려 하는 것은 누굴 위해서인가, 백성인가 군왕인가?" 이동진은 한참을 묵묵히 생각하더니, 지리산 자락과 섬진강 물줄기를 물끄러미 바라보며 대답하였다. "백성이라 하기도 어렵고, 군왕이라 하기도 어렵네. 굳이 말하라 한다면 이 산천을 위해서, 그렇게 말할까?" 바로 이것이다. 우리의 산천은 존재를 지속시키는 바탕으로, 그 어떤 이데올로기나 공공의 가치보다도 더 근원적이고 높은 곳에 자리 잡고 있는 무엇이다.

태백산과 마니산은 산천유전자가 가장 순수하게 보존된 랜드마크다. 그러니 내가 누구인지, 겨레 얼의 줏대가 무엇인지 알고 싶으면 두 산을 찾을 일이다. 여기는 내로라하는 불교의 절도, 유교의 서원도 없다. 눈에 띄지 않는 고유신앙소와 당집들만 군데군데 있을 뿐이다. 아무리 강력한 외래종교와 문화도 이곳만은 차지하지 못하였다. 두 산은 민족신앙과 겨레정신의 순수한 보루인 것이다.

태백산은 높이가 높고1,567m 규모가 크지만 명산 이력도 자못 대단하다. 지정학적으로 중요한 위치에 있었기에, 이미 신라시대부터 오악의 하나인 북악으로 지정되어 국가적인 산천제가 행해졌다. 조선시대에는 태백산과 접한 강원도 삼척과 경상도 봉화의 지방 명산이기도 했다.

조선 후기 지식인들도 태백산을 주목했다. 이중환은 국토 등줄기에 있는 '나라의 큰 명산' 중 하나라고 했다. 신경준의 12명산에도 속했고, 성해응의 『동국명산기』에도 수록되었다. 무엇보다 민간의 도참비결서에서 태백산이 한반도에서 으뜸가는 산으로 소개되는 것도 흥미롭다. 「옥룡자청학동결」에 "태백산과 소백산이 첫째이고 지리산은 다음"이라고 한 것이다. 그래서인지 태백산 남사면의 봉화 춘양에는 『정감록』 십승지의 하나가 들어서기도 했다. 십승지는 피난보신의 땅의 대명사인데, 태백산 사고지도 인근에 있으니 이 어찌 우연일 것인가?

환웅이 무리 3,000명을 이끌고 신시神市를 열었다는 태백산이 이 태백산일까? 『삼국유사』에서 일연은 묘향산이라는 주석을 달았고, 옛 글에 백두산이란 설도 만만치 않다. 평양의 단군릉이 있는

태백산 천제단. 태백산은 지정학적으로
중요한 위치에 있었기에, 이미 신라시대부터
오악의 하나인 북악으로 지정되어 국가적인 산천제가 행해졌다.

대박산이라는 설도 있다. 지금의 태백산일 가능성도 있음은 물론이다. 여기에는 지명으로 당골이 있고, 소도동이 있다. 부쇠봉도 단군의 아들 부소와 관련될 수 있다. 지명 경관으로 남아 있는 화석인 것이다.

강화의 마니산에도 부소, 부우, 부여 등 단군의 세 아들이 쌓았다는 삼랑성 전설이 있다. 마니산은 높이 472m의 나지막한 산이지만 산 이름의 격은 매우 높다. 마리산·두악산으로도 불렀는데, 우리말로 머리산이라는 뜻으로 보인다. 일찍이 『고려사』 지리지에

『강화지도』(18세기 후반 이후)에 회화적으로 묘사된
마니산 모습. 산 아래에 정수사도 보인다.
'단군이 하늘에 제사한 곳'(檀君祭天所)이라고 표기되어 있다.

다음과 같이 단군의 사실을 기록하고 있다. "산마루에 참성단이 있는데 단군이 하늘에 제사 지내던 단이라고 한다. 전등산, 삼랑성이라고도 하는데 단군이 그의 세 아들을 시켜서 이 성을 쌓게 하였다고 한다." 조선 후기에 이형상이 편찬한 강화읍지인 『강도지』1696에도 당시까지 지속된 하늘 제사의 정황을 소개하고 있다. "조선도 옛날 고려가 하는 대로 이곳에서 별에 제사를 지내고 있다. 제사 의식은 도가들의 의식에 가깝다."

### 신이 내려와 산에 깃드니

태백산과 마니산, 이 두 산에는 두 가지 공통점이 있다. 사람으로는 단군이다. 단군의 아버지 환웅이 신시를 연 곳이 태백산이고, 단군이 하늘에 제사를 지낸 곳이 마니산이다. 장소로는 제단이다. 하늘에 제사 지내던 단이 산꼭대기에 있다. 태백산의 천제단과 마니산의 참성단이다. 두 산은 단군의 자취가 서려 있는 고유신앙의 메카인 것이다. 이렇듯 태백산과 마니산은 한국에서 매우 독특한 사상적 지위를 차지하고 있는 산이다. 그것을 산의 인문학에서는 신산神山 또는 선산仙山 코드라 한다.

우리 산은 한국 사상과 문화가 오롯이 퇴적되어 있는 지식고고학적 지층이다. 그 텍스트를 발굴하여 보면 겉으로는 조선시대의 유교문화가 나타나고, 속으로는 고려 및 신라시대의 불교문화 층서가 드러나지만, 가장 깊숙한 곳에서는 고신도 또는 선도 문화의 원형질이 처녀지를 드러낸다. 그 지층이 바로 신산 및 선산이다. 태백산과 마니산은 한국 산악문화의 가장 뿌리에 있는 원형적인 산

민중들의 태백산에 대한 겨레정신.
태백산은 민족신앙과 겨레정신의 순수한 보루다.

눈 모자를 쓴 태백산 석장승(태백시 소도동 소재).
태백산에는 내로라하는 절도 서원도 없다.
눈에 드러나지 않는 민간신앙물만 군데군데 있을 뿐이다.

의 유형을 대표한다.

하늘의 신이 태백산에 내려와 신시를 베풀고, 다시 산으로 깃들어 삶터의 수호신이 되니, 그 산은 신산이고 그 사람은 산신이다. 신산은 우리 산의 문화사에서 어떤 인문학적인 의미가 있을까? 하늘은 너무도 광대하고 막막한 존재이다. 신이란 것은 하늘의 신묘한 작용을 말한다. 하늘을 인간화한 개념인 것이다. 하늘이 신산 또는 산신이 되는 것은 이미 사람 가까이 다가온 것이다.

더욱이 우리의 토속적인 신은 삼신이다. 인격화하여 삼신할머니라고도 했다. 세상에 할머니같이 편안하고 부담 없는 사람이 어디 있을까? 그 할머니산은 또 얼마나 친근한 산인가? 한국의 산에 할머니 산신이 많은 이유는 전래의 삼신산 사상 때문이기도 하다. 중국 도교의 삼신산봉래·영주·풍악과는 다른 고유신앙의 삼신산이다. 태백산과 마니산은 토종 신산의 으뜸이기도 하다.

태백산과 마니산은 또한 선도의 산, 즉 선산으로도 분류된다. 단군이 선도의 원류로 인식되었기 때문이다. 조선 중기에 조여적이 쓴 『청학집』에는 한국의 선파는 중국의 도맥과는 별도로 환인·환웅·단군 계통의 독자적인 도맥을 이어왔다고 기록되어 있다. 신채호도 「동국고대선교고」1910라는 글에서 우리나라에서 신선사상이 출발했다고 했다. 김정설1898~1966도 이를 이어받아 선仙을 사람 인亻 변에 뫼 산山 자로, 산에는 사는 사람이란 뜻의 회의문자로 풀었다. 우리나라 산에는 신선대, 신선바위 등이 도처에 있는데, 그 산을 신산이라 했으며 산에서 수행하는 '샤먼'이 곧 선이며 신선이었다는 것이다.

선산은 신산보다 한발 더 가까이 인간화된 개념이다. 산은 하늘의 신이 머무는 신성한 곳에서, 이제 신선이란 사람이 머무는 장소가 되었다. 누구나 보고 싶은 선경이 펼쳐지고, 무릉도원이나 청학동의 이상향이 선산 속 어딘가에 있다. 모든 사람이 동경하는 가장 살기 좋은 곳으로 이미지화된 것이다. 지리산 청학동도, 속리산 우복동도, 가야산 만수동도 그런 곳이었다. 한 가지 흥미로운 사실이 있다. 태백산 바로 아래, 소백산과 연결되는 선달산仙達山이 있다. 그런데 선달이란 이름이 재미있다. 선도의 무리라는 뜻이다. 배달겨레의 그 배달이 사상적으로 선달이다. 선달산은 선산 코드를 분명히 보여주는 이름이다. 선달산 남쪽에 부석사가 있다. 부석사 창건 설화에서는 선달과 관련된 일화가 전해진다. 의상이 부석사 터를 정하고자 했는데 사교의 무리 500여 명이 방해했다는 것이다. 그들이 다름 아닌 선도의 집단이다. 선달산의 정체가 선산이라는 것을 드러낸다.

글로컬Golocal이라는 최근의 트렌드가 있다. 가장 세계적글로벌인 것은 가장 지역적로컬이라는 합성어다. 문화적 고유성과 다양성을 존중하는 태도가 시대적 대세가 된 지도 오래다. 일본의 명산에는 신사가 당당히 중심을 차지하고, 서양의 도시에도 교회가 중심에 우뚝 서 있다. 그들의 정신이요 자존심이기 때문이다. 우리는 어떤가? 고유문화는 쫓겨나거나 구석으로 밀려나고 외래문화가 버젓이 주인 행세를 하고 있다. 그러나 태백산과 마니산만은 다르다. 여기는 고유신앙과 문화가 중심이다. 자존심 하나로 산을 지키고 있는 당골무당들이 주인이다. 그들이 본래의 진정한 우리다.

태백산과 마니산에서 고유신앙이 지탱되어온 힘과 이유는 무엇일까? 사람이 산을 지킨 것인가, 산이 사람을 지킨 것인가? 오래도록 응집된 장소의 힘과 민중의 혼이 하나로 뭉쳐져 도도한 역사가 되었기 때문이다. 그래서 한국에서 산천은 그 자체가 공간화된 역사이자 형상화된 민족이다. 역사와 민족이 함께 엉긴 전체이다. 산천이여! 모진 역사의 격랑으로 당신을 앗겨 상처나고 얼룩졌지만, 태백산과 마니산이 그랬듯이 다시금 그대는 순수하고 늘 푸른 우리의 주인이 되리라.

## 부처가 된 산, 영축산과 가야산

### 초목국토가 모두 성불한다

불교를 빼놓고 우리 산의 인문학을 이야기하는 것은 그야말로 '앙꼬 없는 찐빵'과 같다. 한국의 산악문화에서 불교는 오래도록 영향을 미쳐 중요한 문화전통을 이루어왔기 때문이다. 공간적으로도 그렇다. 불교가 산에 드리운 커다란 그늘은 유교 등의 여타 종교와 도무지 비교할 바가 못 된다.

이 땅의 어느 산이든 산골짝이든 절이 들어서지 않은 곳이 있던가? 그래서 우리는 으레 '산'하면 '절', '절'하면 '산'이 저절로 연상되는 것이 보통이다. "천하의 명산을 승려와 절이 차지했다"고 이중환이 『동국산수록』에서 말한 것은, 한국의 산에서 불교의 비중이 어느 정도인지를 잘 말해준다.

예부터 절이 들어서는 것을 산을 연다開山고 했고, 산사山寺를 산문山門이라고 했다. 절 이름 앞에는 산 이름이 관용어처럼 따라붙는 뜻도 예사롭지 않다. 영축산 통도사, 가야산 해인사, 조계산 송광사 하는 식이다. 그래서 한국 불교를 산악 불교라고 특징짓는 모양이다.

산 이름에서 유독 많이 눈에 띄는 불교식 이름을 봐도 그렇다.

불암산·불타산·불모산·천불산 등 불佛자 돌림의 부처산에다가, 문수산·관음산·미륵산 등 보살 이름 산도 많고, 미타산·나한산·가섭산·금강산·반야산 등 읽기만 해도 저절로 극락왕생할 것 같은 산 이름이 『신증동국여지승람』에 숱하게 나타난다. 신라와 고려에 걸쳐 천 년 가까이 지배한 불교 이념에 의해 온 나라의 산이 부처의 산이 된 것이다. 이 산 저 산 이 봉우리 저 봉우리에 불교 식 이름이 지어진 후, 조선시대 600년간이나 유교적 이데올로기가 불교에 눈을 부라렸지만 소용없었다. 땅 이름이란 한 번 지어져서 굳어지면 웬만해서는 바꾸기 어렵기 때문이다. 그래서 장소를 점유하여 권위를 차지하는 가장 중요한 전략의 하나가 땅 이름 짓기다.

대승불교가 중국을 거쳐 한국에 토착화되자 중국에서 그랬듯이 명산을 택하여 사찰이 들어섰다. 산에 부처와 보살이 머물고 있다는 인식도 그때부터 생겨났다. 산은 깨침의 길을 수행하는 장소이자 신성한 영역이 된 것이다. 맹수가 우글거리고 흙덩이·돌덩이였던 산이, 이제 불보살이 머무르는 곳이 되어 부처의 이름을 얻었다는 사실은, 산을 보는 시선의 혁명적 전환이라고도 할 만하다.

하기야 불교계에서는 산도 부처가 될 수 있다는 혁신적 견해가 있었다. 일찍이 화엄종의 제3조인 법장法藏, 643~712은 "초목국토가 모두 성불한다"는 가능성을 인정했던 것이다. 환경생태적 차원으로 전개된 대승불교의 담론이라고 할 만하다. 부처가 된 산은 사람들에게 더 이상 위협적이거나 두려운 존재가 아니다. 불보살이 그런 것처럼 사람들을 보호해주고 삶터를 지켜주는 고마운 산이다. 종교문화적인 코드로 인간화된 산이다.

통도사에서 바라본 영축산.
통도사는 영축산 수리바위를 조망할 수 있는 지점에 들어서 있다.
영축산은 부처의 또 다른 상징적 표상이었다.

영축산과 가야산은 한국에서 불교의 산을 대표하는 두 산이라 할 만하다. 영축산은 3대 사찰 중에 불보사찰인 통도사가 있는 산으로, 가야산은 법보사찰인 해인사가 있는 산으로 대표성을 갖는다. 두 산의 이름에는 원조가 있었다. 그 기원지는 인도이다.

영축산靈鷲山은 한자명으로 영취산으로도 읽는다. 현재는 『법화경언해』1463의 표기를 따라 영축산으로 통일하여 부른다. 영축산은 불교의 종조인 부처가 깨달은 뒤 설법한 산으로 유명하다. 고대 인도의 마가다국 도읍지인 왕사성현 라지기르에서 3km 떨어진 곳에 있다. 기사굴산耆闍崛山이라는 별칭으로, 불경에 친근한 사람이라면

양산 영축산의 옛 이름은 취서산이다.
정상에 큰 바위가 있어서 대석산이라고도 불렸고,
그 바위를 수리바위라고 했다. 부처가 깨달은 뒤에
설법한 기사굴산의 수리바위와 닮았다.

귀에 익은 산이다. 『법화경』『무량수경』 등 여러 경전은 부처가 영축산에서 설법하는 장면으로 시작한다. 또한 가야산도 부처가 깨달았던 보드가야[부다가야]에서 유래되었다는 설이 있다. 보드가야는 라지기르의 영축산과 멀지 않은 거리에 있다.

한국의 영축산은 울주군 삼남면과 양산시 사이에 있는 1,081m의 산이다. 여기만 있는 것이 아니다. 경남 창녕에도 있고, 함양의 지리산 아래에도, 전남 여수에도 있다. 불교가 확산되면서 불경에 등장하는 부처의 산 이름이 곳곳에 생겨났던 것이다. 한국의 영축산은 인도의 영축산과 동일시해 이름붙인 심상의[mental] 산이다. 이름의 상징 이미지를 활용한 지명정치학이다. 그런데 그냥 무턱대고 이름만 갖다 붙인 것은 아니었다. 두 산은 정상에 수리바위가 있는 산의 생김새도 서로 닮았다. 양산 영축산의 옛 이름은 취서산鷲棲山으로 『세종실록』「지리지」에도 나온다. 큰 바위가 있어서 대석산大石山이라고도 불렀고, 그 바위를 수리바위라고 했다. 이러한 사실은 신라시대에 불보사찰인 통도사가 왜 영축산 아래에 터를 정했고, 산 이름을 영축산이라고 이름 지었는지에 대한 대답이 된다.

신라 때 낭지라는 승려가 영축산에 은거하여 살고 있었단다. 그는 원효가 찾아와서 배웠을 정도로 도력이 높은 고승이었다. 워낙 신통하여 구름을 타고 중국의 청량산을 가서, 인도와 신라의 영축산에만 있는 나뭇가지를 중국 고승에게 보여줘 놀라게 했다. 『삼국유사』에 나오는 영축산 이야기다.

이처럼 인도의 영축산과 한국의 영축산에 모종의 네트워크가 형성된 것은 무척 오래전부터의 일이었다. 일연1206~1289은 덧붙여서 두 영축산이 제10운지第十雲地로 보살이 사는 곳이라고 했다. 이 이야기는 『화엄경』에 근거한 것으로 보인다.

## 산신이 부처의 설법에 귀 기울이는 곳

대승불교가 전개되면서 부처의 행적이 있었던 인도의 실제 산 외에도 경전 속 가상의 산들이 탄생하였다. 『화엄경』의 「십지품」에는 설산, 향산, 비다리산, 신선산 등 열 개의 보배산이 등장하고 있다. 십지품은 보살이 이르는 열 가지 단계의 경지를, 열 개의 산이 각각 지닌 자연·문화적인 속성에 비유하여 설명한다. 만물을 실은 보배창고로서, 온 생명을 살리는 산의 상징성은 보살도의 자리와 한가지로 표현되었던 것이다. 영축산처럼 부처가 실제 머물렀던 산이야 그렇다해도, 불교경전에 나오는 가상의 산 이름을 한국의 여기저기 산에서 그대로 본떴다는 사실이 무척 흥미롭다. 이런 예는 가야산의 옛 이름에서도 찾을 수 있다.

가야산은 합천에 있는 높이 1,430m의 명산이다. 충남 서산에도 가야산이 있다. 서산 가야산은 국보로 지정된 서산마애삼존불로 유명하다. 두 가야산 모두 고려와 조선시대에는 지방 명산이었다. 합천 가야산은 우두산, 설산, 중향산, 상왕산 등의 옛 이름이 『신증동국여지승람』에 나온다. 그런데 그중 설산과 중향산은 『화엄경』의 10산에서 유래되었을 가능성이 있는 것이다. 상왕산의 상왕도 부처라는 뜻이다. 가야산 최고봉인 상왕봉은 여기에서 유래되었다. 충남 서산의 개심사가 있는 상왕산도 마찬가지 뜻이다. 상왕산은 강원도 평창과 전남 완도에도 있다. 부처의 산인 것이다.

흥미로운 것은 합천 가야산에 정견모주正見母主라는 성모산신이 있었다는 옛 기록이다. 그렇다면 불교가 들어오기 이전에 이미 가야산 지역에 여산신신앙이 있었다는 애기다. 『동국여지승람』에는 가야산신 정견모주가 천신에 감응되어 대가야왕과 금관가야왕김수로을 낳았다고 했다. 이곳 가야산은 가야 개국설화와 시조신화의 현장인 것이다.

산신이 천신과 감응하여 시조왕을 낳았다는 신화구조도 특별한 의미가 있다. 산을 지정학적인 거점으로 고대국가의 영역이 획정되고 분화되었다는 것을 암시한다. 가야산 정견모주는 지리산 천

합천 가야산 상왕봉의 가을 풍경.
우두산, 설산, 중향산, 상왕산 등의 옛 이름이 있다.
3대 성모산신의 하나인 정견모주가 있는 곳이다.

왕성모, 선도산 선도성모와 함께 한국의 3대 성모산신이다. 경주의 선도성모도 신라를 건국한 박혁거세를 낳았다는 시조신이다. 고대의 개국 및 시조와 관련된 한국 산악신앙의 원형이 생생히 나타난 현장들이다.

그런데 정견모주의 정견이라는 명칭이 눈에 띈다. 정견이란 무엇인가? 그것은 초기불교의 핵심 교리인 팔정도의 하나다. 그렇다면 가야산 전래의 산신성모신앙이 불교신앙의 영향을 입고 복합되었다는 것을 증명한다. 지리산의 천왕성모도 부처의 어머니인 마야부인이라 한다고 김종직1431~1492이 『유두류록』에 적었다. 이러한 현상은 고려 중·후기 무렵에 벌어진 산신신앙과 불교신앙의 융합으로서, 한국 산악신앙에서 나타나는 특징적인 현상이기도 하다.

중국의 산악신앙 속에 불교·도교·유교가 가지각색으로 혼재되어sorted 있다면, 한국의 산악신앙은 여러 문화요소가 섞여 혼합되어mixed 있는 점에 차이가 나는 것이다. 산이라는 큰 그릇에 각종 나물이 섞여 만들어진 비빔밥이 한국의 산악문화라고 해도 크게 틀리지 않다.

불교에서 산은 부처가 산신에게 경배하는 곳이 아니다. 부처가 사람의 길에 대해 설법했던 장소이다. 산신을 포함한 천지의 신들도 깨달은 '사람'인 부처의 말을 듣기 위해 귀를 기울인다. 대웅전 불상 뒤의 배경 탱화인 영산회상도는 그 현장을 생생하게 재현한다. 하늘에 이르는 신성한 공간이자, 만물의 생명을 싣고 있는 장소였던 산은 이제 깨달은 자 부처로 인해 인문의 전당이 되었다. 굳센 참사람을 표상하는 사람의 산이 되었다. 부처는 『법구경』에서 우리에게 이렇게 산을 말한다.

생활에 즐거움만 구하지 않고, 모든 감관을 잘 지키며,
먹고 마심에 절도가 있고, 항상 정진하여 믿음이 있으면,
악마라도 그를 뒤엎지 못하리니,
마치 바람 앞에 선 우뚝한 산처럼.

# 오대산 패밀리

## 문수산, 길상산, 청량산, 사자산 그리고 오대산

오대산 상원사에는 국보 제221호로 지정된 목조문수동자좌상이 있다. 동자머리를 튼 천진한 어린이 보살상이다. 세조의 둘째 딸 의숙공주가 봉안한 것으로 알려졌다. 세조가 등창이 나 오대산에 치료차 왔는데 문수동자를 만나 나았다는 설화와 연관되어 있다.

어린 단종과 수많은 신하를 죽인 세조는 늘 심리적인 불안감과 죄의식 속에서 시달려야 했다. 어느 날 꿈속에 단종의 어머니가 나타나서 꾸짖으며, 얼굴에 침을 뱉었다. 그 후 몸에 종기가 나기 시작하더니 온몸에 퍼졌다. 온갖 백방의 약도 듣지 않던 차 마침내 오대산 상원사를 찾게 된다. 더위와 가려움에 시달린 세조는 시원한 계곡을 찾아 목욕을 하는데, 마침 한 동자승이 지나가기에 등을 밀게 하니 가려움증이 씻은 듯이 가시는 것이었다. 세조는 동자승에게 "임금의 등을 밀어주었다는 말은 하지 않아야 된다"고 말하자, 동자승이 말하기를, "대왕도 문수동자가 등을 밀어주었다는 말은 하지 않아야 됩니다" 하고는 사라졌다.

평창 상원사 목조문수동자좌상(국보 제221호).
동자머리를 튼 천진한 어린이 보살상이다.
세조의 둘째 딸 의숙공주 부부가 1466년에 조성해 모신 것이다.
세조가 오대산에서 문수동자를 만나
등창이 나았다는 설화와 연관되어 있다.
조선 초기까지만 하더라도
오대산은 문수신앙의 본산이었다.

이 설화가 대변하듯 조선 초기까지만 하더라도 오대산은 문수신앙의 본산이었다. 문수는 지혜를 상징하는 대승보살이다. 여느 사찰의 대웅전에 들어서면 석가모니불을 가운데 두고 왼편에 문수보살이 있는 것만 보아도 한국불교에 문수신앙이 얼마나 큰 영향을 드리웠는지를 알 수 있다. 그 자취는 한국의 산 이름에서도 여실히 드러난다.

문수산, 길상산, 오대산, 청량산, 사자산은 명칭으로나 공간적으로나 서로 다른 산이지만 문화적으로는 같은 갈래의 산 이름이다. 모두 불교의 문수보살과 관련되어 이름을 얻은 산이다. '문수'는 문수사리의 준말로 '길상'吉祥이고, '청량산'오대산에 머물며, '사자'를 타고 있기 때문이다. 역사적으로 오대산 문수신앙이 전파하면서 공간적으로 파생된 산 이름 갈래들이다. 알다시피 한국의 오대산은 중국의 오대산에서 유래된 산 이름이다. 그렇다면 중국 오대산은 어디서 왔을까? 인도의 불교 경전에 있는 가상의 산인 청량산에서 왔다. 인도의 청량산이 시조산인 것이다.

요즘 누구나 손에 스마트폰을 들고 손쉽게 세계를 들락거리는 모습을 보노라면 '손오공의 부처님 손바닥이 따로 없구나' 하고 느껴진다. 부처님처럼 앉아서 세상을 보는 글로벌 시대다. 스마트폰도 없는 예전에 설마 가능했을까 싶지만, 역사적으로 국제 교류는 우리가 상상하는 정도를 훨씬 넘을 정도로 활발했다.

산의 문화사도 그랬다. 한국의 명산과 명산문화는 세계사적 흐름의 텍스트 속에 놓여 있었다. 오대산과 오대산 문수신앙도 인도를 뿌리로 중국에서 생겨나, 한국과 일본으로까지 전파된 범아시아적 산악문화의 소산이다.

강원도 강릉과 홍천, 평창에 걸쳐 있는 1,563m의 오대산과 이 산에서 펼쳐진 불교 문화전통은, 7세기경 중국 산서성의 오대산에서 도입한 것이었다. 한국만 그런 게 아니라 일본도 그랬다. 우리보다 늦은 10세기경 중국의 오대산문화를 수입했다. 983년에 송나라에 들어갔던 조연?~1016이 귀국한 후 중국의 오대산신앙을 교토의 아타고산愛宕山신앙에 이식한 것으로 알려져 있다. 일본의 오대산문화는 자국의 문화코드에 맞게 토착화하였고, 전래의 신사와 결합된 신불神佛 혼합적인 모습을 띤다고 한다. 이처럼 오대산은 아시아를 넘나들 만큼 공간스케일이 큰 산이었다.

몇 해 전 중국 산서성 흔주에 있는 오대산을 답사한 적이 있다. 우리 오대산을 봐와서 마음에 담아둔 터라 중국 오대산은 어떤 모습일지 적잖이 궁금했다. 오대산에 당도한 순간 어마어마한 산의 덩치에 그만 입이 떡 벌어졌다. 높이만 하더라도 화북지방에서 가장 높은 3,058m의 산이다. 산만 보고 놀란 것은 아니었다. 산 아래 눈길 닿는 곳엔 사찰들이 빼곡히 들어서서 불국토가 재현된 듯 그야말로 장관이었다. 여기는 2009년에 불교건축경관이 탁월한 산으로서 지정된 유네스코 세계문화유산이 아니던가. '오대산'이라는 이름으로 등재된 세계유산 가치는 이렇게 평가됐다.

"중국 오대산은 종교건축과 산악이 조화롭게 결합된 문화경관으로, 자연경관과 불교문화의 융합이라는 철학적 사유를 잘 보여준다. 산이 불교의 성소가 되는 사상적 교류를 반영하며, 산이 종교적인 수도처로 진화된 문화전통의 증거다."

## 오대산문화의 기원과 전파

오대산문화의 기원은 『화엄경』의 청량산에서 유래한다. 불경에 등장하는 심상의 산을 중국인들이 실제의 산으로 재해석한 것이다. 그래서 한국 오대산도 그 원류는 멀리 인도인들의 사유에 닿는다. 『화엄경』에, "동북쪽에 청량산이라는 곳이 있다. 과거에 보살이 항상 머물고 있었는데, 현재는 문수보살이 있어 일만 보살을 거느리고 항상 설법하고 있다"는 문구가 있다. 그런데 중국인들이 불교를 받아들여 토착화하면서, 이 청량산을 자기 나라의 오대산으로 해석하였다.

장소의 동일시와 경관화를 통해 가상을 실제로 단단히 굳히는 문화정치적 전략의 일환이다. 중국의 오대산도 청량산처럼 영토의 동북쪽에 있고, 기후조건도 비슷하다는 것이 근거가 되었다. 북위의 낙양 천도494 이후에 오대산이 북방 경계에 위치했다는 점도 지정학적인 이유가 되었다. 오대산은 나라를 수호하는 불산佛山으로 지정된 것이다.

신라도 산악 불교문화가 강성했던 터라 중국에서 벌어진 이러한 역사적 사실을 남의 일로 모른 체 할 리 없었다. 7세기에 이르자 신라는, 문수보살이 우리 영토의 오대산에도 머물고, 오대의 봉우리마다 일만 보살씩 총 오만 보살의 진신眞身이 나타난다고 했다. 우리 오대산은 중국 오대산과 높이나 규모는 크게 다르지만, 영토에서의 위치나 산의 모양새는 비슷하다. 축소판인 것이다.

위 | 중국 오대산에 빽빽이 들어차 있는 불교사원들. 봉우리 꼭대기까지 절이 들어섰다. 오대산은 동아시아 문수불교의 성지다.

아래 | 중국 오대산의 현통사 무량전에 안치되어 있는 철불 군상. 한국에서는 볼 수 없는 색다른 광경이다.

그도 그럴 것이 오대산문화를 도입한 장본인인 자장율사는 636년 왕명으로 파견되어 중국 오대산을 직접 보았고, 귀국 후에 신라에서 비슷한 산을 골랐던 것이다. 7년 후 그가 어렵사리 찾아낸 닮은꼴 산이 강원도 오대산이었다. 두 산 모두 지리적으로도 영토의 동북방에 있었고, 모양새도 토산으로 정상부가 다섯 봉우리의 평평한 대지臺地로 이루어져 있다. 일연은 『삼국유사』에 그 역사적 현장을 분명히 기록했다.

> 자장이 오대산의 태화지 곁 문수보살 석상에서 일주일 간 기도를 했더니, 꿈에 부처가 나타나 네 구절의 시를 주었다. 이튿날 한 스님이 와서 시구의 뜻을 알려줬다. 그 스님은 자신이 가지고 있던 가사, 바리때, 부처의 머리뼈 한 조각을 자장에게 건네면서 부탁했다. "이것은 석가세존의 것이니 잘 보관하십시오. 당신 나라의 동북쪽 명주溟州 경계에 오대산이 있는데, 일만의 문수보살이 늘 거주하고 계시니 가서 뵈십시오" 라고 하고 사라졌다. 자장이 귀국하려 하는데 태화지의 용이 나타나 전날 만난 스님은 문수보살이라고 했다. 귀국해 오대산 기슭에 이르러 띠 집을 짓고 살다가 드디어 문수보살을 만났다.

자장이 중국 오대산에서 가져온 불사리는 강원도 오대산의 적멸보궁에 모셔졌다. 오대산에는 월정사, 상원사를 비롯하여 다섯 봉우리마다 모두 절이 들어서면서 한국 불교의 성지가 되었다. 가

사자산(강원도 영월군 수주면)의 위용.
자장율사가 불사리를 봉안하였다는 적멸보궁의 현장이다.
바위산의 험준한 기세와 형세가 사자의 이미지를 빼닮았다.
사자산 아래에는 법흥사가 있다.

운데 중대에는 사자암獅子庵이라고 있다. 문수의 사자로 얻은 이름이다. 자장은 오대산상원사 외에 영축산통도사, 설악산봉정암, 태백산정암사, 사자산법흥사에도 불사리를 봉안하였다고 한다. 모두 부처 진신의 뼈가 묻힌 성산聖山이 된 것이다.

오대산이라는 이름과 오대산문화는 지방 곳곳에도 전파되었다. 중국에서는 광주, 호북, 광동 등 다른 지방에서도 비슷한 산을 오대산이라고 이름 불렀다. 한국에서는 오대산의 본래 이름인 청량산도 전국 각지에 생겨났다. 경북 봉화의 청량산870m을 위시하여, 인천 청량산173m, 경기 안성 청량산340m, 남한산 청량산482m, 경남 마산 청량산318m, 전북 완주 청량산713m과 고창 청량산622m 등으로 우뚝우뚝 솟아났다.

인천의 청량산에 전해 내려오는 설화가 있다. 중국 오대산의 징관조사738~839가 열반에 들면서 "내 법은 동쪽의 해 뜨는 나라에서 꽃피운다"고 했다. 조사의 법통을 이은 두 수제자가 백마를 타고 동쪽나라를 향해 달렸는데, 송도의 청량산 중턱에 다다르자 백마가 한 발짝도 움직이지 않더란다. 중국 오대산문화의 전파를 암시하는 설화다. 고창의 청량산도 자장율사의 이야기가 전해진다. 중국에서 문수보살의 가르침을 깨닫고 귀국한 자장은 우연히 이곳을 지나치게 되었다. 산세가 중국의 청량산오대산과 너무도 비슷해 기이하게 여겨 바위굴에서 7일 간 기도를 했다. 문수보살이 땅속에서 솟아나오는 꿈을 꾸고, 땅을 파보니 문수석상이 있었다. 그 뒤부터 청량산이라 부르게 되었단다.

문수산, 사자산, 길상산 이름도 같은 오대산 갈래다. 경북 봉화의 청량산 북쪽에 문수산1,207m이라고 있다. 조선 초 봉화 고을의 진산이었다. 신라시대 때 평창의 수다사에서 수도하던 자장이 이 산에 문수보살이 나타나서 문수산이라 했단다. 또 다른 문수산은 김포에도 있고, 울산에도 있다. 울산 문수산600m은 고려시대에 라마교의 전당이었다는 전설이 있어, 중국 오대산에서 성행한 라마교와도 상통하는 점이 있다.

강원도 영월군 수주면에 있는 사자산1,167m에는 어느 도승이 사자를 타고 이 산으로 왔기에 이름 지어졌다는 지명유래가 전한다. 그 도승은 자장임에 분명하다. 사자산 적멸보궁 옆에는 자장이 수도했다는 토굴이 있고, 당나라에서 사자 등에 진신 사리를 싣고 온 석함石函도 있단다. 사자산의 모양새도 영락없이 사자를 빼닮았으니, 오대산처럼 닮은꼴을 찾아서 고른 것일 게다. 인천시 강화군 길상면의 길상산336m도 마찬가지다. 이 산에는 왕에게 진상했던 유명한 약쑥이 나는데, 흥미롭게도 '사자발쑥'獅子足艾이라고 불렀다고 한다. 문수의 사자와 연관 있는 이름으로 보인다. 또 다른 길상산594m은 평안북도 구성시에도 있다.

이처럼 오대산 갈래의 산 이름만 하더라도 역사적으로 지역적으로 다채로운 문화사가 펼쳐진다. 서로 다른 산 이름이지만 같은 갈래로 묶을 수 있다. 문수보살의 오대산 패밀리다.

# 퇴계의 청량산, 남명의 지리산

## 사람을 통해 이름이 나는 명산

아주 높거나 커서 명산이 되는 산도 있고, 지정학적으로 중요한 위치에 있어서 명산이 되는 산도 있지만, 사람으로 인해 명산이 되고 명산의 가치가 더욱 빛나는 산이 있다.

경북 봉화에 있는 청량산이 그런 산이다. 청량산은 퇴계 이황 1502~1571 덕에 명산이 되었다. 퇴계는 청량산인淸凉山人이라고 스스로 호를 지어 불렀을 정도로 청량산을 마음에 두었다. 지리산도 그런 산이다. 지리산은 남명 조식1501~1571 덕에 더욱 빛이 난 산이다. 남명은 지리산인이라 해도 좋을 만큼 지리산과 한 몸이 된 사람이다. 두 사람은 조선 유학의 대학자이자 사상가로 양대 산맥이었고, 그들의 두 산은 조선 유학자들에게 양대 산이 되었다.

명인이 있어야 명산이 된다고 했다. 조선 중기 유학자 노진 1518~1578도 이렇게 분명히 말하였다. "땅은 반드시 사람을 통해 이름이 난다. 산음의 난정은 왕희지가 없었다면 무성한 숲과 길쭉한 대나무에 불과할 뿐이었고, 황주의 적벽도 소동파가 없었으면 높은 산과 큰 강에 불과할 따름이었을 것이다. 합천 가야산은 최치원이 없었다면 붉은 언덕과 푸른 절벽에 불과할 따름이었을 것이니,

경북 봉화의 청량산. 산의 모습을 보노라면,
"절개 있고 의로운 선비가 우뚝 서 있는 것 같아
감히 범할 수 없는 기상이 있다"라고
갈봉 김득연(1555~1637)이 청량산을 표현한 말이 실감난다.

어찌 후세에 이름날 수 있었겠는가?"

한국의 명산 반열로 견주어볼 때 청량산 자체는 크게 돋보이는 산이 아니다. 높이도 870m로 그리 높다고 할 수 없고, 산의 규모도 크지 않으며, 지정학적으로도 그리 중요한 곳에 위치한 산이 아니다. 조선 초기에는 기껏해야 재산현현 봉화군 재산면 작은 고을의 명산으로 여겼을 정도였다. 다만 빼어나고 수려한 경치로 신라와 고려시대에는 불교계에서 주목받았다.

청량산이 왜 불교의 산인지는 청량산이라는 이름이 말해준다.

대승불교는 문수보살의 청량산, 보현보살의 아미산, 그리고 관음보살의 보타보타락가산을 대표적으로 꼽는다. 중국에는 세 산이 모두 있지만 한국에는 강원도 양양의 낙산이 있고, 경북 봉화의 청량산이 있다. 청량산에 뿌리내린 불교적인 전통은 최고봉인 의상봉과·보살봉·연화봉 등 여러 봉우리 이름으로도 확인된다. 예전에는 산속에 30여 개의 절이 있었다고도 한다. 승려들이 온통 독차지한 명산이었던 것이다.

퇴계는 이 산을 조선시대 유학자들에게 명산 중의 명산으로 격상시켰다. 불교의 명산에서 유교의 명산으로 성격이 완전히 바뀌어버렸다. 그 과정에서 불교적인 징표를 드러내었던 봉우리 이름들이 유교적으로 개명되기도 했다.

땅 이름을 유교화한 것은 경관상을 대변하는 지명이라는 상징을 통해 장소가 지닌 이데올로기를 강화하려는 의도로 해석된다. 또한 퇴계 문도들은 『청량산지』 또는 『청량지』1771 등도 편찬하여, 청량산 곳곳에 남긴 퇴계의 자취와 문학을 정리하고 성역화했다. 이윽고 청량산은 퇴계의 상징으로서 경상좌도 유학의 메카가 되었던 것이다.

안동의 온혜리에서 태어난 퇴계 이황과 청량산의 인연은 남달랐다. 청량산은 퇴계의 고조부가 나라에서 받은 봉산封山이었다. 어릴 적 퇴계는 집에서 멀지 않은 청량산에서 공부를 했다. "나는 어릴 때부터 부형을 따라 괴나리봇짐을 메고, 이 산을 왕래하면서 독서하였던 것이 헤아릴 수 없을 정도였다"고 술회한 적이 있다. 청량산은 그가 중년을 넘어서도 아끼던 정신적인 고향이었다. "청량산 육육六六, 12 봉을 아는 이 나와 백구白鷗" 라고 노래 「청량산가」를 불렀다. 그래서 수많은 제자는 청량산을 퇴계 학문의 성지라고 여겼다. 청량산은 후대의 유학자들에게 퇴계를 표상화한 이미지로 비쳐졌다. "단정하고 중후하며 맑고 깨끗하여 퇴계 선생을 보는 듯하다"는 것이다.

남명 조식과 지리산의 인연은 어땠을까? 삼가합천 토동에서 태어난 남명은 외가에서 어린 시절을 지낸 터라 지리산과 멀지 않은 곳에서 살았다. 그는 장년 시절 지리산을 십여 차례나 유람하며 늘 마음속에 담아두더니, 결국 나이 61세에 이르자 천왕봉 아래 덕산산청군 시천면 사리에 아예 정착했다. 그러곤 생을 마칠 때까지 살다가 자신이 손수 터 잡은 지리산 자락에 묻혔다.

남명에게 지리산은 특별했다. 자신의 명命이 궁극적으로 도달해야 할 도덕적 자리였다. "어찌하면 두류산지리산처럼 하늘이 울어도 울지 않을까?"라고 한 절창은 남명이 지리산을 어떻게 여기고 본받고자 했는지 웅변한다. 그래서 남명의 수많은 제자는 지리산을 남명의 기상과 상징으로 받아들인다. 지리산은 남명학파 유학의 중심이 되었다.

남명의 지리산은 사상적·실존적으로 퇴계의 청량산보다 관계가 깊고 긴밀했다. 남명 사상과 정신의 지형도에는 지리산이 그 중심에 큰 자리를 틀고 있다. 그는 지리산을 닮고자 천왕봉 아래에 살다가, 죽어서도 지리산 자락에 묻힌 사람이다. 그래서 남명의 정체성은 지리산의 유학자를 넘어, 한국을 대표하는 산의 유학자로 특징지어도 무리가 없다.

남명 선생의 거처였던 산천재에서 바라보이는 천왕봉.
선생은 「덕산복거」(德山卜居)라는 시에서
"다만 천왕봉이 하늘과 가까움을 사랑할 뿐이네"라는 심경을 밝혔다.
남명은 매일 천왕봉을 바라보며, 안으로는 공경(敬)과
밖으로는 의로움(義)의 덕성을 다졌다.

같은 해에 태어나 2년이라는 엇비슷한 시기에 돌아간 조선시대의 대표적인 두 지식인 퇴계와 남명, 그 인물됨이 어떻게 비교되는지는 두 사람 모두에게 배웠던 정구1543~1620의 말을 통해 짐작할 수 있다. "퇴계는 그릇이 온후하고 실천이 독실합니다. 남명은 그릇이 크고 됨됨이가 호탕합니다." 두 사람의 그릇은 두 산의 이미지와 서로 짝을 이루고, 두 사람의 성향은 산을 대하는 시선과 태도와도 닮았다.

### 산을 보고 물을 보며 사람을 보고 세상을 본다

퇴계는 산을 참 좋아했던 것 같다. "나는 태어날 때부터 산수를 즐기는 버릇이 있었다"고 말했을 정도였다. 이렇듯 당시의 유교 지식인들은 산을 좋아했다. 그들에게 산은 도대체 무엇이기에, 어떤 의미가 있었기에 그랬던 것일까? 산을 보는 방식과 태도에 비추어서 그 까닭을 살펴보자.

산을 보되 눈에 보이는 경치로 보는 방식이 있다. 산의 절경을 감상하는 심미적 관점이다. 산의 아름다운 경관을 즐기는 태도를 보인다. 산에 노니는 것이라 등산登山이 아니라 유산遊山이다. 관광觀光이라는 말도 풍광風光을 보는 것을 일컫는 말이다. 흔히 우리가 구경거리로 산을 보는 시선이다.

산을 보되 자신의 덕성을 함양하는 본보기로 보는 방식이 있다. 조선시대 유학자들이 산을 보는 시선과 태도다. 산을 통해 어짊仁을 함양하는 보람과 즐거움을 찾는다. 그래서 어진 이는 산을 즐기는 것仁者樂山이라고 공자는 말했다. 그는 쉬지 않고 밤낮으로 흐르는 물을 보고 자신의 끊임없는 도덕적 정진을 성찰하고 다짐하였다. 도덕적 · 인문적인 산수 보기라고 할 수 있다.

퇴계가 그랬다. 그가 산을 즐기고 산에 오르는 것은 성현이 추구했던 바를 본받기 위함이었다. 그에게 산은 아름다운 경치라기보다는 도야해야 할 도덕의 본보기였다. 퇴계가 쓴 시 「독서여유산」讀書與遊山에서 확인되듯이, 산을 유람하는 것은 책 읽는 것과 같았다. 퇴계는 이랬다. "피어오르는 구름을 보고 앉아서 미묘함을 알았고, 골짜기 끝에 이르러서야 처음을 깨닫고자 했다."

김윤겸(1711~75), 「금대대지리전면」(金臺對智異全面)
금대암(함양군 마천면 가흥리)에서 본 지리산 주능선을 그렸다.

산을 보되 사람과 세상까지 미루어 보는 방식이 있다. 산에서 살았던 역사 속의 인물과 시대적 상황을 함께 떠올리는 시선이다. 사회적·역사적 외연으로까지 확장한 산 보기이다. 산에서 어떻게 사람과 세상을 읽을 수 있는가? 인물들의 자취가 서려 있기 때문이다. 그 사람의 사회적 삶과 시대 상황이 투영되어 있기 때문이다.

남명이 그랬다. 그는 "산을 보고 물을 보며 사람을 보고 세상을 본다"라는 의미심장한 말을 남겼다. 그에게 산은 자연경치와 도덕 본보기를 넘어 인문사회적인 텍스트였다. 산을 보며 인간사와 세상사를 읽을 정도라면, 가히 최고의 수준으로 산을 보는 시선과 태도라고 할 만하다. 남명이 지리산을 유람하고 쓴 「두류산유람록」을 읽고 퇴계가 인상적으로 논평한 대목이 있다. "유람하고 구경하는 것 이외에도, 일마다 의미를 부여투영해서 사회적 부조리에 대해 분노하고 격앙하는 말이 많다. 사람으로 하여금 정신을 차리게 한다."

이렇듯 조선시대의 유교문화가 산과 깊은 관계를 맺고 있다는 사실은 더 이상 놀랄 만한 일이 아니다. 한국 불교의 특징을 산악 불교로 이야기하는 것처럼 한국 유교 역시 산과 깊은 관계를 맺고 있음을 주목해야 한다. 이것은 한국 유교문화의 동아시아적 특징이 될 수도 있다. 유교의 종주인 중국도 태산학파나 주자의 무이산과 같이 산과 관련을 맺기도 하지만 한국보다는 정도가 덜하고, 일본의 유교는 아예 산과 관련이 없다고 해도 과언이 아니다.

퇴계와 남명 외에도 많은 유학자가 산림에서 살았다. 15·16세기만 하더라도 성운은 속리산에서, 김대유는 운문산에서, 임훈은 덕유산에서 산림처사로서 유학의 정신을 펼쳤다. 그래서 조선 후기의 대학자 이익도 조선 유학을 대표하는 두 지식인인 퇴계와 남명을 산과 연계하여, "퇴계는 태백산과 소백산 아래에서 태어나 동방 유학자의 조종이 되었고, 남명은 지리산 아래에서 태어나 동방의 기개와 절조의 최고가 되었다"고 한 마디로 표현할 수 있었던 것이다.

# 덕유산 휴머니티

## 산은 베푼다, 만물을 살린다

이름처럼 덕스럽고 넉넉한 산 덕유산德裕山은 우리 산에서도 심성 깊숙이 자리 잡은 아련한 고향과도 같은 산이다. 모진 세상살이 다 겪고 소소한 마음으로 돌아온 이 누구든, 맑은 개울가 양지 녘 산자락에 에워싸여 둥지를 틀고 싶은 그런 산이다.

선조들은 덕이라는 말을 참 좋아했던 것 같다. 그래서인지 덕산 이름도 전국 어디에나 있다. 건덕산, 용덕산, 수덕산, 덕숭산, 숭덕산, 고덕산, 천덕산, 가덕산, 공덕산, 광덕산, 백덕산, 만덕산, 세덕산 등 모두 덕을 기리는 산 이름들이다. 이들 한국의 산 이름을 도서관 서가의 책처럼 분류한다고 생각해보자. 영축산은 불교명이니 종교 코너, 남산은 위치명이니 지리 코너일 텐데, 덕산은 품성이 투영된 이름이라 인문서가의 윤리 코너에 진열될 수 있겠다. 이렇듯 우리에게 산 이름은 또 하나의 문화적인 텍스트다.

왜 산을 덕스럽다고 불렀을까? 노자는 『도덕경』에서, 물의 덕은 만물을 이롭게 하는 것이라고 했다. 그럼 산의 덕은 무언가. 선현들은 "덕이 만물을 기르고 윤택하게 한다"고 하였는데, 바로 산의 덕성을 가리키는 말인 것 같다. 한나라 때 최초의 자전, 『설문해자』에

북덕유의 넉넉하고 덕스러운 품새.
무주군 설천면에서 본 모습이다.

서도 '산'을 풀이하기를, "산은 베푼다. 기를 베풀고 퍼지게 해 만물을 살린다"고 했으니, 덕유산은 뭇 생명을 살리는 산의 본성을 오롯이 담고 있는 이름이 아니고 무엇인가.

동아시아에서 덕은 도를 행해 체득한 품성으로, 인격에서 으뜸으로 여기는 가치다. 지도자도 덕장을 지장이나 용장보다 더 높이 치는 것처럼, 덕유산은 이름부터가 높은 격을 지닌 덕장의 산이요, 덕망 높은 이름임에 분명하다. 덕유산 곁 동쪽에는 대덕산大德山, 1,290m도 있어 그 일대가 온통 덕스러운 산들이다. 덕유산에서 맥을 받고 뻗어 내린 지리산도 조선시대 유학자들은 덕산이라는 이름으로도 불렀으니, 덕유산은 한국 덕산의 종마루라고 할 만하다. 왜 덕유산이라 했을까? 산이 사람에게 덕을 베풀어 덕유산인가, 사

남덕유의 장쾌하고 힘찬 골기.
거창군 북상면에서 본 모습이다.

람이 그 산에서 덕을 쌓아 덕유산인가.

덕유산이 사람에게 베푼 덕을 기리는 전설적인 이야기가 있다. 임진왜란 당시 수많은 사람이 전쟁을 피해 덕유산 골짜기로 들어왔는데, 신기하게도 왜군들이 지날 때마다 짙은 안개가 드리워 산속에 숨었던 사람들을 보지 못하고 그냥 지나쳤다는 것이다. 이 설화는 주민들이 덕유산을 얼마나 사람을 살리는 신령한 산으로 존숭하였는지 잘 말해준다.

이런 까닭에 덕유산 자락은 전란이 미치지 않는 십승지十勝地의 하나로 꼽혔고, 수많은 사람이 숨어 살았음도 확인된다. 그래서 조선 후기 민중의 바이블이었던 『정감록』에서는, "덕유산은 난리를 피하지 못할 곳이 없다"고 일렀던 것이다.

덕유산 정상(향적봉)에 펼쳐진 평전과 이어지는 산줄기.
멀리 지리산 자락이 아련하고, 중봉과 남덕유가 보인다.

덕유산의 덕스러움은 산체의 형태에서도 나타난다. 두터운 토산으로, 능선부 곳곳엔 여인의 둔부처럼 평퍼짐한 평전平田이 있다. 덕유산을 남덕유와 북덕유로 구분하기도 하는데, 남덕유는 장쾌하고 힘찬 골산骨山이지만, 북덕유는 넉넉하고 웅장한 육산肉山이다. 후덕한 육산은 주민들에게 부쳐먹을 수 있는 비옥한 농경지를 제공한다. 그래서 덕유산은 사람들에게 넉넉히 베풀어주는 산으로 여겨졌다. 이중환도 북덕유 자락무풍을 '복된 땅'福地이라 하면서, "골 바깥쪽은 온 산에 밭이 기름져서 넉넉하게 사는 마을이 많으니, 속리산 이북의 산과 비교할 바가 아니다"라고 하여 풍요로운 자연조건을 높이 샀다.

덕유산이 갖춘 덕은 지정학적 · 지리적인 위치에서도 드러난다. 『중용』에 "큰 덕은 반드시 그 지위를 갖춘다"고 했듯이, 덕유산은 한반도에서 삼도를 가르는 전략적 요충지에 위치하여, 행정 경계를 결정짓는 유역권의 분수령이다. 전북 무주와 장수, 경남 거창과 함양, 그리고 충북 영동 등 3개 도 5개 군에 걸쳐 있다. 지정학적인 위치의 중요성으로 말미암아 신라, 가야, 백제의 접경지가 되었다.

지리적으로도 덕유산은 백두대간의 중요한 위치에 있다. 산줄기로는 위로 삼도봉과 아래로 백운산을 거쳐 지리산과 연결해준다. 물줄기로는 낙동강의 지류인 황강과 남강의 발원지일 뿐 아니라, 낙동강 수계와 금강 수계의 분수령이다. 남한에서 한라, 지리, 설악에 이어서 네 번째로 높은 해발 1,614m의 향적봉을 주봉으로, 덕유산의 넉넉한 줄기는 삼봉산에서 향적봉을 거쳐 남덕유까지 줄기차게 100리 길로 이어진다. 『대동여지도』를 보면, 조선시대에 덕유산은 향적봉의 북덕유를 일컫는 것이었고, 남덕유는 봉황봉이었음도 새롭게 알 수 있는 사실이다.

덕유산은 숨은 미덕을 지닌 산이기도 하다. 지리산에 가려 조선시대에 와서야 명산으로서 가치가 알려졌다. 덕은 외롭지 않고, 밖으로 드러나듯이, 덕유산의 진가를 알아보는 사람이 있었다. 허목1595~1682도 그중의 한 사람이었다. 그는 「덕유산기」에서 "남쪽 지방의 명산은 절정을 이루는데 덕유산이 가장 기이하다"고 찬탄했다. 성해응도 『동국명산기』에 덕유산을 포함시키고, "서북쪽 산록의 골짜기가 매우 기이하다"고 했다. 조선 후기에 덕유산이 갖는 백두대간의 지리적 위치가 주목되면서, 이중환은 『동국산수록』에 덕유산을 국토의 등줄기에 있는 8명산 중 하나에 넣기도 했다. 이런 덕유산을 함양, 산청, 진주 등 인근 고을들은 읍치의 진산이 발원하는 산줄기의 근본으로 삼았다.

## 지혜와 어짊과 용기, 덕유산의 푸른 정신

후하게 베푼다고만 해서 덕의 온전함을 갖추었다고 할 수 있을까? 『중용』에 덕은 지혜智와 어짊仁과 용기勇 세 가지 필요충분조건이 있어야 한다고 했다. 슬기로울 때는 슬기로워야 하고, 어질 때는 어질어야 하며, 용기가 필요할 때는 의로워야 한다는 것이다. 덕유산에 살면서 덕유산을 닮았던 사람들이 그랬다. 민중들은 산림에 묻혀 묵묵히 어질게 살면서도 때가 되면 우레처럼 소리쳐 일어났다.

덕유산에 사람이 살기 시작한 시기는 일찍이 선사시대로 거슬러 올라간다. 남덕유 자락인 거창군 북상면 농산리에서는 청동기 시대의 고인돌도 발견된 바 있다. 늦어도 청동기쯤에는 사람들이 집단적으로 모여 살기 시작했음을 알 수 있다. 통일신라시대에는 여러 불교 사찰이 덕유산 자락 곳곳에 들어섰다. 송계사·영각사 등이 그랬고, 농산리의 석조여래입상, 갈계리의 삼층석탑 등 신라 시대 유적들이 그 사실을 증명한다.

덕유산이 본격적으로 사람의 산이 된 것은 조선시대부터였다. 많은 사람이 임진왜란을 피해서 덕유산에 들어왔고, 골짜기마다 마을도 형성됐다. 지식인들도 덕유산을 찾아 은거하여 곳곳에서 올곧은 선비의 기상을 드리웠다. 그래서 덕유산은 유학자들의 은거지요, 은사隱士의 산이라고 할 만하다. 유환, 임훈, 정온, 신권, 송준길 등 수많은 유학자가 덕유산에서 덕을 수양했던 것이다. 골짜기엔 이르는 곳마다 선비들의 정자나 초당이 들어섰으니, 거창에는 누정만도 100여 개가 있었다고 한다. 그들은 『예기』의 말처럼 "군자는 숨고藏焉, 닦고修焉, 쉬며息焉, 노닌다遊焉"는 뜻을 덕유산에서 몸소 실천하며 살았다.

그 시작은 고려 말의 은사 유환劉懽, 1319~1409이었다. 왕조가 망하자 그는 덕유산 남쪽의 거창군 장기리 창말창촌에 내려와 정자를 짓고 은거하였다. 조선시대의 유학자들도 뒤를 이었다. 신권1501~1573은 중종 때의 성리학자로 위천면 수승대에서 안빈낙도하며 수신하였다. 정온1569~1641은 인조를 따라 남한산성에 들어가 끝까지 싸우기를 주장하고 할복자결까지 시도한 분으로, 남덕유 북상면 모리某里에 은거하며 후학들을 가르쳤다. 송준길1606~1672

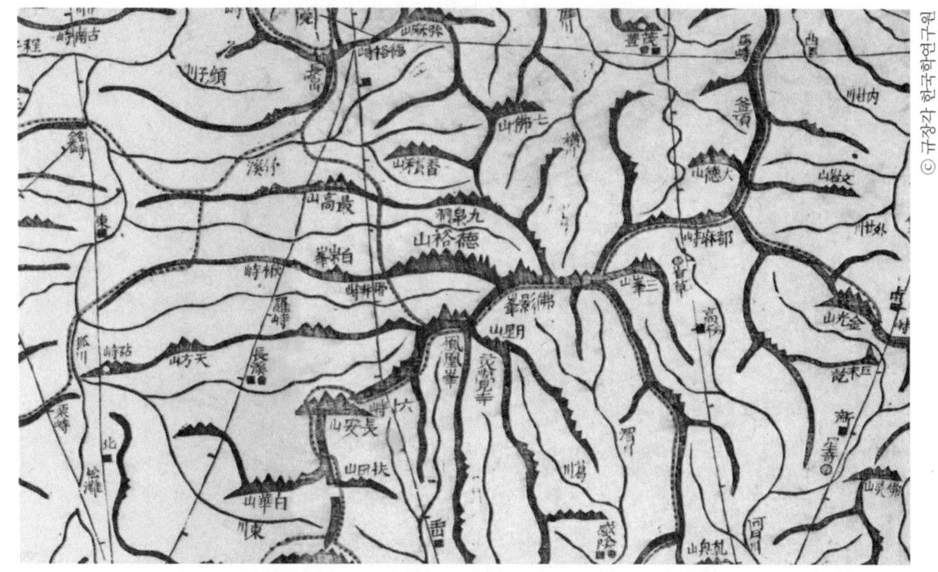




『대동여지도』의 덕유산. 백두대간 줄기로서
아래로는 육십치(육십령)을 넘어 지리산으로 이어진다.
현재의 남덕유는 봉황봉이라고 표기되었다.

은 학문에 뛰어나서 문묘에 배향되었는데, 병자호란 뒤에 월성에 와서 초당을 짓고 살았다.

조선 후기에 전란과 학정으로 피폐하였던 민중들은 승지勝地와 복지福地로 알려진 덕유산을 터전으로 삼아 피란, 보신保身의 삶을 일구어 나갔다. 덕유산의 승지가 어디인지는 『정감록』에 설명이 있다. 북덕유 승지는 "무주 무풍 북쪽 동굴 옆의 음지"라고 했다. 무풍무주군 무풍면은 덕유산과 삼도봉 자락에 둘러싸이고 큰 하천을 낀 분지이면서도, 조선시대의 대로와 접근성이 떨어지는 지리적인 오지다. 남덕유 승지는 "덕유산 남쪽에 원학동이 있는데 숨어 살 만한 곳"이라고 했다. 덕유산 남쪽이라는 표현으로 보아 거창 금원

월성의거사적비. 거창군 북상면 월성리에 있다.
1906년에 남덕유 월성에서 있었던 항일의병 40여 명의
의거를 기리기 위해 1971년에 조성했다.

산과 남덕유 사이의 골짜기일 가능성이 크다.

덕유산은 조선 후기부터 해방 전후에 걸쳐 지식인과 민중들이 새 세상을 여는 변혁의 산실이기도 했다. 농민항쟁과 동학혁명, 그리고 항일의병과 독립운동으로 이어졌고, 한국전쟁 전후에는 빨치산의 주요 근거지였다. 산은 민중운동의 보루였다. 덕유산의 민중사에서 빼놓을 수 없는 것이 자주권을 되찾으려는 농민들의 항쟁과 항일 투쟁이다. "1671년 11월, 이광성 등이 덕유산에 진을 치고 웅거하였다."『조선왕조실록』에 기록된 덕유산의 농민항쟁이다. 1906년에는 남덕유 월성에서 의병운동도 일어났다. 40여 명이 항일의거를 결의하고 산중에서 활동했으며, 덕유산 의병 200여 명에게 자금과 군수물자도 조달했다. 일본 헌병대의 1908년 7월 11일자 보고서도, 덕유산에 약 40여 명의 의병들이 있었다는 사실을 입증한다.

이렇듯 덕유산은 사람들을 넉넉히 품어 살리고 늘 푸른 정신을 일깨운 산이었다. 사람들은 그 산에 깃들어 어질고도 주인되는 의로운 삶을 살아왔다. 산은 덕을 베풀고 사람은 덕을 쌓아 마침내 덕산의 휴머니티를 이루었던 것이다.

# 산천 힐링, 무이산과 구곡

### 아름다운 경치의 치유능력

경남 고성의 상리면 무선리에 무이산546m이 있다. 들어서는 입구에서 보면 나지막하고 평범한 시골 뒷산 같은데, 산머리 턱에 올라 의상대사가 자리를 잡았다는 문수암에서 보노라면 물밀 듯 겹쳐 있는 뭇 산들과 함께 한려수도의 그림 같은 산해山海의 경치가 탁월하다. 천 리를 달려온 산은 바다를 만나 섬이 되고 물과 한 몸이 되었다. 봉황산 부석사에서 봤던 파도 같은 산의 군상이 눈에 선하지만, 여기는 산과 바다가 함께 어우러져 있어 그 감동은 배가 된다. 선조들이 산수를 보는 심미적 시선과 공간을 안아 들이는 큰 스케일에 그저 입을 다물지 못할 뿐이다. 그 광경을 보고 있노라면 누구라도 자신도 모르게 자연에 동화되어 감동에 휩싸인다.

왜 그럴까? 자연의 역동적 생명과 접속하면 심신의 자연성이 공명하면서 자연의 파동과 동조 효과가 일어나기 때문이다. 동시적으로 기의 리듬이 큰 파장으로 증폭되면서 온전한 자연성으로 회복되는 과정이 이루어진다. 자연 힐링이다. 자연 속에서 본연의 치유력을 회복하고 심신의 건강을 누리는 것이다. 유행하는 콘텐츠로 여행·명상·음악·그림·음식 등 여러 가지가 있지만 그 공통적

경남 고성 무이산 전경.
여느 마을 뒷산처럼 소박한 풍경의 분위기를 자아낸다.

인 소재가 자연이다. 그래서 에코 힐링이라는 합성어도 생겨났고, 산림치유 프로그램도 만들어졌다. 힐링은 자연과 마음의 소통의 미학이요, 자연과 사람의 공동체적 커뮤니티다.

아름다운 자연의 경치가 치유효과가 있다는 것은 과학적으로도 증명됐다. 에스더 M. 스턴버그는 신경건축학이라는 새로운 학문 영역을 개척했다. 2009년에 출간한 『공간이 마음을 살린다』*Healing space: the science of place and well-being*에서 이렇게 말했다. "사람들이 아름다운 경치나 노을, 숲 같은 풍경을 볼 때 엔도르핀이 분비되는 경로의 신경세포가 활성화되는 것을 발견했다." 자연경관과 장소는

고성 무이산 문수암에서 바라본 광경.
천 리를 달려온 산줄기 군상들이 잦아지면서 바다와 만난다.
아침 햇살이 산과 바다를 만나 서기를 빚어낸다.

사람의 심신건강에 직접적으로 관계가 있다는 것이다. 그러면 실질적으로 치유하는 힘은 어디에서 오는 것일까? 스턴버그 박사는 또 이렇게 대답한다. "치유의 공간은 우리 자신 안에서, 우리의 감정과 기억 안에서 찾을 수 있다. 가장 강력한 치유의 힘을 지닌 곳은 바로 우리 뇌와 마음속에 있기 때문이다." 외부적인 치료가 아니라 내부적인 치유의 원리를 말한 것이다.

어즈버 무이를 상상하고 주자를 배우리라

고성 무이산의 이름은 산 아래에 살았던 조선시대 유학자가 지

중국 복건성의 무이산.
갖가지 모양의 봉우리와 기암이 파노라마처럼
우뚝우뚝하고, 협곡과 절벽 사이사이로
하천이 구절양장으로 구불거리면서 흘러간다.

은 것이 분명하다. 무이산 아래에는 사수泗水와 백록동白鹿洞도 있다고 조선 후기 관찬지리지인 『여지도서』는 적고 있다. 사수는 공자가 탄생한 고향인 산동성 곡부현을 흐르는 강이다. 공자를 흠모하며 기리는 뜻으로 지명을 동일시한 것이다. 백록동은 주자가 일으킨 최초의 사립학교, 즉 백록동서원의 고장이다. 역시 주자를 본받고 기리는 뜻이다. 한반도의 남녘 땅 끝자락에 무이산도, 사수도, 백록동도 생겨난 것이다. 무이산은 고성뿐만 아니라 조선 땅 여러 곳에 생겨났다. 경북 영양 입암면에도 있고, 전북 순창 팔덕면에도 있다.

한국 무이산의 원조는 중국 복건성과 강서성 경계에 있는 무이산이다. 중국의 무이산은 생김새부터가 기이해 우리 산천의 이미지와는 많이 다르다. 갖가지 모양의 36개 봉우리와 99개의 기암이 파노라마처럼 여기저기 우뚝우뚝하다. 협곡과 절벽 사이로는 하천이 구절양장으로 구불거리면서 흘러간다. 지층의 단층, 하천의 침식, 비바람의 풍화가 복잡하게 얽혀서 놀라운 경관을 만들어냈다. "무이구곡武夷九曲의 하천 경관은 바위 절벽과 어우러져 특별한 경치를 보인다." 유네스코의 평가다. 그 무이산에 주자가 무이정사를 이루어 학문하고, 구곡을 경영하여 산천과 하나되는 삶을 살았다. 무이구곡은 동아시아 성리학의 요람이 되었던 것이다. 그 자연적 · 문화적 가치를 인정받아 중국의 무이산은 일찍이 1999년에 유네스코 세계복합유산으로 등재됐다.

주자의 무이구곡은 그를 경모하는 조선시대 유학자들이 따라하고픈 모델이 됐다. 유학자들은 주자를 본받아 경치 좋은 계곡마다 조선의 구곡문화를 만들어갔다. 장소에 따라 칠곡, 구곡, 십이곡이라고 이름 붙이고 완상하며 노닐었다. 수양산의 고산구곡, 청량산의 도산구곡, 속리산의 화양구곡, 지리산의 용호구곡 등 전국 곳곳에 70여 개가 넘는 구곡들이 생겨났다.

물과 바람만 지나다니던 자연의 계곡은 문화와 사상이 배어 있는 사람의 계곡이 되었다. 구곡은 조선시대 유학자들의 몸과 마음을 쉬고 달래는 휴양지이자 힐링지이기도 했다. 그들은 계곡을 유람하여 충만한 즐거움으로 웰빙하고 심신을 힐링했던 것이다. 「고산구곡가」 「도산십이곡」 등은 이런 배경에서 나온 시가였다.

이성길, 「무이구곡도권」(武夷九曲圖券).
조선 중기 이성길(1562~?)이 선비들의 이념적 이상향이었던 중국 무이산의 무이구곡을 상상하여 그린 그림이다.

율곡 이이는 이렇게 노래했다. "고산 구곡담을 사람이 모르더니, 주모복거하니풀 베고 터 잡아 사니 벗님네 다 오신다. 어즈버 무이武夷를 상상하고 학주자學朱子하리라주자를 배우리라." 율곡이 1758년에 황해도 해주의 고산수양산, 899m에 은거하면서 지은 「고산구곡가」 첫머리다. 그 가운데 6곡 구절이 인상적이다. "6곡은 어드메고 조협에 물이 넙다많다. 나와 물고기야 누가 더욱 즐기는고……." 빈 낚싯줄을 드리우고 계곡의 바위에 걸터앉아 소沼에 고인 명경지수를 완상하면서 노니는 물고기한테 말을 거는 듯하다. 산수를 즐김에도 수준이 있을 텐데 이 정도라면 가히 최고의 경지라 할 만하

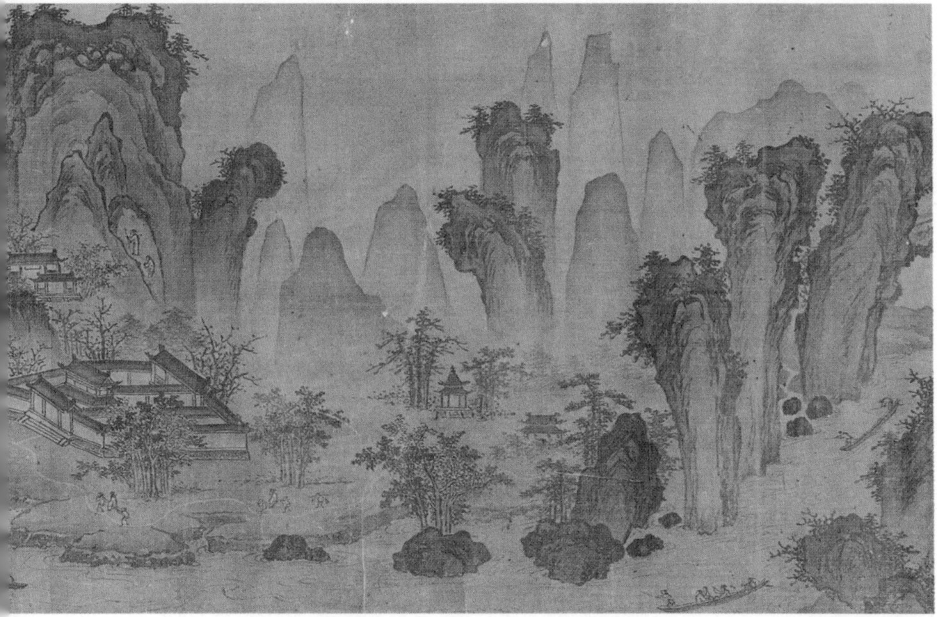

© 국립중앙박물관 공공누리

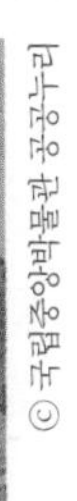

다. 「고산구곡가」는 여러 문인과 화가가 그림으로도 그렸다. 김홍도 등이 12폭 병풍으로 그린 『고산구곡시화병』高山九曲詩畵屛, 1803은 국보 제237호로 지정됐다.

퇴계 이황은 또 이렇게 노래했다. "청산은 어찌하여 만고에 푸르며, 유수는 어찌하여 주야로 그치지 않는가. 우리도 그치지 않아 만고에 늘 푸르리라." 퇴계가 벼슬을 사직하고 향리인 도산 아래로 들어와서 1565년에 지은 「도산십이곡」의 한 구절이다. 퇴계에게 청산유수는 그저 자연적 풍경만이 아니라 늘 푸른 기상과 끊임없는 도덕적 정진을 비추는 거울이었다. 이렇듯 조선시대 유학자들

이재로, 「조협도」(釣峽圖), 『고산구곡시화병』 제6곡.
빈 낚싯대를 어깨에 드리우고 계곡의 명경지수를 완상하면서 노니는 율곡의 모습이 눈에 선하다.

에게 산수는 심신 수양의 교본이었으며, 산천을 통해 어짊과 지혜를 회복하고 함양하는 즐거움을 누렸다. 그 요산요수樂山樂水의 즐거움을 인지지락仁智之樂이라 일컬었다. 오늘날의 산천 힐링이었다.

지리산 자락의 남원 호경리에 용호구곡이 있다. 원래 12곡이었는데 주자의 무이구곡 영향으로 구곡으로 바뀌었다. 마을 입구의 시냇가에서 시작하여 산골짜기를 따라 구룡폭포까지 오르는 길이 그야말로 점입가경이다. 제1곡 초입에는 여궁석[여근석]이라는 재미난 바위도 있고, 조금 더 가면 용호정이라는 옛 정자도 나온다.

정자 앞 너른 바위에서는 예전에 주민들이 기우제를 지냈단다. 그 의식이 놀랍고 흥미롭다. 동네 여자들이 한꺼번에 알몸을 하고 나와 솥뚜껑으로 계곡의 반석 바닥을 긁는데, 그 소리에 옆의 소에 있던 용이 놀라 승천한단다. 일주일 내에는 반드시 비가 왔다고, 믿거나 말거나, 주민은 증언한다. 구시소, 챙이소 등 우리말 이름들도 정겹다. 이렇듯 구곡은 굽이굽이 흥미로운 스토리가 널려 있는 현장이다. 누구라도 그 길 따라 둘레둘레 걷다 보면 산천이 소곤거리는 이야기의 매력 속으로 이끌려 들어간다.

### 우리 몸에 밴 산천의 무늬

우리 산천에서 최적의 힐링 장소를 꼽으라면, 단연 자연미가 집약되어 있는 산골짜기 계곡이다. 산천초목의 미학을 한꺼번에 만날 수 있는 장소이기 때문이다. 중요 경승지를 문화재로 지정하는 명승이라는 척도로 따져 봐도 그렇다. 국가지정문화재 중에 현재 111개가 명승으로 지정되었는데, 그중에서 계곡이 17개로 가장 많다. 청학동 소금강[명주], 불영사 계곡[울진], 주왕산 주왕계곡[청송], 백석동천[서울], 무릉계곡[동해], 선운산 도솔계곡[고창], 구천동[무주], 석천계곡[봉화], 지리산 한신계곡, 설악산 비룡폭포 계곡 · 구곡담 계곡 · 천불동 계곡, 용연계곡[강릉] 등은 국가가 인증한 힐링 장소라고 할 만하다. 2014년에 화양구곡[괴산]도 새로 명승으로 지정됐다.

함양의 지리산 용유담은 2011년에 문화재청이 명승으로 지정을

지리산 용유담(함양군 휴천면 문정리).
계곡과 기암이 멋들어지게 어우러진 풍광과 함께
김종직, 조식 등 조선시대 유학자들의 숨결이 깃든
문화적 경관유산으로 평가받았다.

예고한 곳이다. 계곡과 기암이 멋들어지게 어우러진 풍광과 함께 김종직, 조식 등 조선시대 유학자들의 숨결이 깃든 문화적 경관유산으로 평가받았다. 그런데 국토부에서 지리산댐 공사를 계획하는 바람에 명승 지정이 중단된 상태에 있다. 지역주민들과 시민단체에서 댐 공사 반대 운동이 거세다.

이중환은 『택리지』에서 살 만한 거주지를 고르려면 계곡 가가 제일 좋다고 했다. 동네 가까이에 완상할 만한 산수가 없는 곳에서는 성정을 도야할 수 없다고 했다. 전통적인 삶터는 그 자체가 힐링 장소였던 셈이다. 흐르는 시내를 끼고 마을들이 골골이 들어섰고, 주민들은 거기서 생활터전을 이루었다. 그렇게 오랜 세월 동안 산천과 어우러져 살면서 유전적으로 몸에 산천의 무늬가 밴 사람들이 현대 콘크리트 더미에서 팍팍한 생활을 하다 보니 주말이면 산과 계곡으로 떠나서 자연의 코드에 합치하고 싶은 것이다. 온 몸의 신경세포가 본능적으로 신호를 보내는 것이다.

요즘 들어 부쩍 더 자연 치유가 절실하다. 오늘도 수많은 사람이 자연을 마음에 두고 찾는다. 푸른 산 바라보고 맑은 계곡 따라 걷다 보면, 어느새 몸은 활력을 되찾고 마음은 편해지며, 우리네 심성은 저절로 본래의 자리로 되돌아가 어질어진다. 누가 치료해주는 것이 아니라 스스로 치유하는 것이다. 거기엔 언제나 우리 산천이 있다. 산천 힐링이다.

# 한국의 태산과 태산문화

## 과연, 중국의 첫째가는 산

"태산이 높다 하되 하늘 아래 뫼이로다." 양사언1517~1584의 시조 첫 구절이다. 태산은 본래 중국의 산동성에 있지만 한국에도 태산이라는 이름의 산이 열개가 넘는다. 중국과 같은 태산을 왜 이렇게 많이 한국에도 두었는지 궁금하지 않을 수 없다. 중국의 명산을 대표하는 태산문화는 어떤 모습이었으며, 한국에 어떤 방식으로 수용되었을까?

태산1,545m은 중국의 다른 높은 산들에 비하면 상대적으로 그리 높은 산이 아니다. 그러나 상징적 가치와 역사적 비중으로 치면 중국의 명산에서 첫째가는 산으로 꼽힌다. 오악五嶽 중 독보적으로 존귀하다 하여 오악독존五嶽獨尊이라고 했다. 궈모뤄郭沫若, 1892~1978는 "태산은 중화문화사의 축소판이다"라고 그 의미를 강조했다.

역사적으로 태산은 중국과 중국인을 대표하는 산이었고, 화하문화華夏文化의 발상지로 간주되었다. 그래서 태산을 국산國山이라 했고, 중화민족의 정신적인 산, 큰 산의 우두머리라는 뜻으로 대종岱宗이라고도 했다. 황제는 태산에서 하늘제사를 올림으로써 정통성

태산 정상에 구름처럼 모인 중국 사람들.
태산은 중국과 중국인을 대표하는 산이었고,
화하문화의 발상지로 간주되었다. 그래서 국산(國山)이자
중화민족의 정신적인 산, 큰 산의 우두머리라 여겼다.

을 보장받았다. 민간에서도 예외가 아니었다. 태산에 대한 숭배와 제의가 활발했고, 성모聖母인 벽하원군碧霞元君에 대한 신앙은 지금도 성하다. 이런 역사적 과정을 거쳐 태산은 으뜸이라는 관념이 확고하게 자리 잡았다. 중국의 태산은 동아시아를 넘어 세계를 대표할 만한 '인문의 산'이라는 명산문화적 지평과 가치를 지닌다. 그래서 중국에서는 가장 일찍인 1987년에 유네스코 세계복합유산이 되었다.

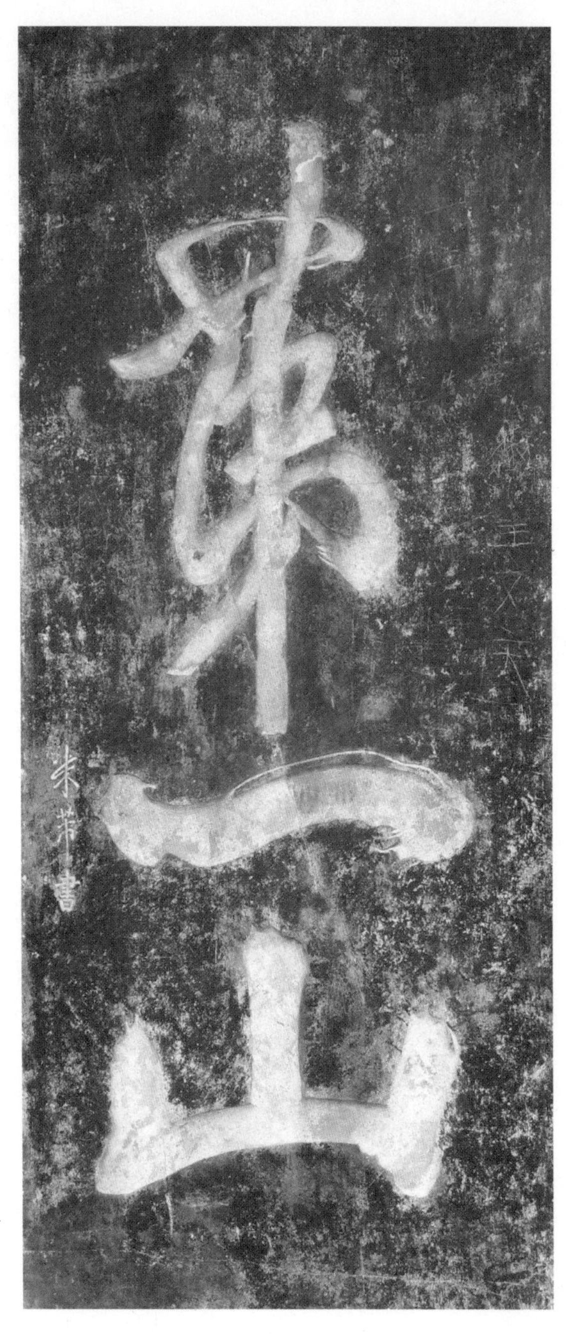


'제일산'(第一山).
태산 입구 대묘(岱廟)의 비석 글귀다. 태산은 상징적 가치와 역사적 비중때문에 중국의 명산에서 첫째가는 산으로 꼽힌다. 오악 중에서도 독보적으로 존귀하다 하여 오악독존(五嶽獨尊)이라고 했다.

태산 정상의 바위에 있는 새김글, '과연'(果然).
산의 정상부 바위마다 태산의 경치를 찬탄한 석각들이 많은데,
그중에서 이것이 압권이다. 와서 직접 보니
듣던 바대로 두말할 필요가 없다는 감탄이다.

중국 산동성의 태산을 가보면 몇 번의 놀라운 경험을 하게 된다. 태안시에서 보이는 태산은 설마 말로만 듣던 그 태산이라고는 믿기지 않을 정도로 작다. 우리의 의식 속에 있는 태산과 크게 괴리가 느껴지는 것이다. 산에 들어서면 인산인해를 이룬 중국 사람들을 보고 또 놀란다. 중국인에게 태산은 반드시 가보아야 할 버킷리스트 1위다. 산의 정상부에 올라서면 유교·도교·불교가 뒤섞여 들어찬 건축물들과 바위마다 온통 새겨진 석각石刻들을 보고 또 한 번 놀란다. 산이 인문의 전당이 된 것이다. 석각은 귀감이 될 만한 글들과 태산의 경치를 찬탄한 것이 많은데, 그중에서 '과연'果然이라는 한 마디 새김글이 단연 압권이다. 와서 직접 보니 듣던 바대로 두말할 필요가 없다는 감탄이다.

중국의 태산은 동아시아 산악문화에서 태산문화를 일으킨 진원지다. 중국의 오대산이 한국과 일본에 전파되어 오대산신앙을 형성했듯이, 중국의 태산은 한국, 베트남, 대만, 유구오키나와 등지에서 동일한 산 이름, 시화 등의 예술작품, 생활상의 관용어, 민속신앙 같은 다양한 문화를 낳게 했다.

동아시아에서도 태산문화를 가장 많이 또 깊이 받아들인 나라는 한국이었다. 조선시대 사람들에게 태산은, 세상에서 가장 큰 산의 상징이고 천하제일의 명산으로 인식되었다. 한국의 산과 산악문화는 동아시아적인 보편성 속에 있었고, 상호간 문화 전파와 교류의 산물이었던 것이다.

태산은 한국 사람들에게 일상용어로도 깊이 뿌리내렸다. 사람은 이미지와 기호를 통해서 세상을 이해하고 소통한다. 한국 사람의 의식과 말 속에 태산은 어떤 모습으로 존재하고 있을까? 우리가 지금도 자주 쓰는 말로 "할 일이 태산" "티끌 모아 태산"이라고 한다. 태산은 지형으로서의 산을 넘어 '크다, 많다, 높다, 영원하다'는 뜻으로 기호화된 것이다. "태산을 넘으면 평지를 본다." 고진감래의 뜻으로 쓰였던 관용어다. 태산은 우리 민요와 설화에도 숱하게 등장한다. "세월이 영원한 줄 태산같이 알았더니……" 「창부타령」의 한 대목이다.

이웃나라 일본은 어떨까? 일본 사람들은 우리처럼 태산에 대한 이미지를 갖고 있지 않다. 일본말에서 태산은 우리처럼 크다는 뜻의 관용적인 용어로 쓰이지 않는다. 중국말에서는 일상적 관용어로도 쓰인다. '태산처럼 책임이 무겁다' '태산처럼 평온하다'고 표

『공자행단현가도』.
공자는 태산의 패러다임을 변화시켰다.
공자의 고향인 곡부는 태산에서 멀지 않은 곳에 있었기에
태산과 공자가 동일시되었다.

현한다. 우리와 비슷하지만 뉘앙스가 조금 다르다. 사실적인 비중이 가감 없이 반영된 느낌이다. 한국에서처럼 멀리 떨어져 보이지 않는 곳에서 태산은 실제보다 더 크고 높게 비친 것이다.

### 공자처럼 본받고 싶은 군자의 표상

태산을 둘러싼 문화사는 공자로 인해 패러다임이 크게 변했다. 태산의 장소 이미지와 문화담론에 터닝 포인트가 이루어진 것이다. 공자는 "태산에 오르니 천하가 작구나"登泰山而小天下라고 말했다. 공자의 고향인 곡부는 태산에서 멀지 않은 위치에 있다. 공자 이전까지 태산은 천자가 봉선을 통해 권력을 정당화하는 성스러운 하늘의 산이었다. 그런데 공자로 인해 태산은 공자와 동일시되면서 군자가 덕성을 도야하는 인지仁智의 산이 되었다. 정치적인 황제의 산에서 인문적인 군자의 산으로 장소성이 바뀐 것이다.

이윽고 태산은 황제가 하늘에 봉선封禪하는 제장祭場이라기보다 공자를 우러러보며 닮고자 하는 덕성의 상징이 되었다. 조선시대 유학자들이 그랬다. 그들에게 중국의 태산은 공자처럼 본받고 싶은 군자의 표상이었다. 태산이 공자요, 공자가 태산이 된 것이다.

경북 고령의 산주리와 경남 합천의 노양리와 합가리에 걸쳐 노태산魯泰山, 498m이 있다. 공자의 출신지인 노나라와 태산을 조합하여 붙인 이름이다. 인근 주민들은 그 산을 녹대산이라고 부른다. 노태산이 발음되면서 녹대산으로 굳어졌을 것으로 추정된다. 지도상에도 녹대산이란 표기가 또 다른 인근 위치에 있어 노태산의 잔영으로 보인다. 노태산이라는 지명이 언제, 누구에 의해 생겼는지는 확실치 않으나, 조선시대에 공자를 숭모하는 유교지식인에 의해 이름 지어졌다는 사실만은 분명하다. 심증이 가는 곳은 노태산 지맥의 동남쪽 기슭에 자리 잡고 있는 개실마을이다. 이 마을의 주산인 화개산은 노태산에서 산줄기가 뻗어 나온다. 개실마을은 1651년에 점필재 김종직1431~1492의 5세손이 은거하면서 세거지를 이룬, 유가집단의 정체성이 뚜렷한 마을이다.

> 어느 산이 명산인가, 동에는 태산이요, 남에는 화산이요, 서에는 금산이요, 북에는 형산이요, 중앙에 곤륜산은 산악지 조종이요 사해지 근원이라…… 동 태산에 청학성은 공자님에 도량이오, 천하지중 낙양 땅은 중원에도 명승진데……

민요 「성주풀이」의 일부분이다. 노랫말 속에 태산과 공자가 연계되었다. 서민들의 생각이 그대로 반영된 것이다.

우리 마을에도 공자님의 태산이 있다

조선시대에 태산이라는 공간은 노래와 설화, 시문과 그림, 지도의 형식 등으로 재현되었다. 사람이 사는 실제 주거공간인 산에도 태산이라는 지명을 붙이고, 공자와 관련시켜 유교적인 장소 이미지를 구축하는 모습으로도 나타났다. 기호화된 상징경관을 통해 과거의 역사를 현재화한 것이다.

전남 영암, 전북 김제, 충남 서천, 충북 음성 등지에도 태산이라는 지명이 생겨났다. 남원에는 태산마을도 있다. 노태산이나 태산

노태산 줄기(경북 고령).
노태산은 고령의 산주리와 합천의 노양리와 합가리에 걸쳐 있다.
조선시대에 공자를 숭모하는 인근의 유교지식인에 의해 이름 지어졌다.

太山 등 다른 한자 명칭까지 포함하면 태산 무리는 훨씬 많다. 조선 후기의 여러 고지도에도 태산이 그려져 있어 태산을 중시한 조선 시대 사람들의 인식이 드러난다. 태산의 장소 이미지를 사회집단적으로 공유했던 것이다. 태산문화는 유교와 결부되어 조선의 지식인들에 의해 곳곳에 수용됐다. 태산의 상징성이 공자의 권위와 연관되고 결합함으로써 유교문화의 이데올로기가 더욱 강화될 수 있었던 것이다.

충남 천안에도 노태산141m이 있다. 이 산은 소노태산이라고도 부른다. 중국 노나라의 태산에 대응될 만한 한국의 태산이란 의미

이호신, 「남사 예담촌의 가을」, 2011.

화폭 왼편 위로 남사마을의 주산인 니구산이 크게 솟아 있다.

로 '소'라는 접두어를 덧붙인 것이다. 소중화小中華와 같은 조선시대적인 자존심의 발로다. 노태산 서북쪽의 산 아래에는 성인동聖人洞이라는 유가 마을이 있었다. 그들은 노태산의 정상부에 사당을 지어 공자를 모시고, 마을 이름도 공자를 흠모하는 뜻으로 성인동이라고 부르며 살았단다. 하지만 근래 개발 사업으로 인해 성인동 마을은 다른 곳으로 옮겨졌고, 노태산에 있었던 공자 사당도 그 틈에 자취가 없어졌다.

개인적인 주거공간에 태산을 재현한 사례도 있다. 조선 중기 영남 지역의 큰 유학자였던 장현광1554~1637은 거주지의 산봉우리에 소노小魯라는 명칭을 붙였다. 그는 은거지인 입암촌경북 포항 입암리에 우주적인 공간스케일의 공간을 구성해냈다. 자연경관물 하나하나를 하늘에 있는 28수 별자리와 동일시해 이름 붙여 장소만들기를 했을 정도다. 그중에서 가장 높은 봉우리를 '소노'라고 하여 공자가 오른 태산을 빗대어 이름했다. 소노라고 일컬은 까닭을 이렇게 말했다.

> 공자께서 태산에 오른 유람을 본받는다면
> 이 뫼를 어찌 소노小魯라고 이름하지 않을 수 있겠는가?

공자의 태산뿐만이 아니었다. 조선시대에는 공자의 탄생담이 깃든 니구산尼丘山도 충남 논산, 경남 사천과 단성 등지에 생겼고, 역시나 소小 자를 붙여 소니산도 평안도 안주에 생겼다. 지리산 들어가는 초입에 남사라는 양반마을이 있는데 마을 뒤로 우뚝한 주산이 니구산이다. 그 마을사람들에게는 또 다른 태산이었던 셈이다.

이처럼 조선시대의 유교지식인들은 주거지의 높은 산을 태산이라고 이름 붙이고 공자의 표상으로 우러러보며 어진仁 삶을 살고자 노력했다. 조선 땅에서 태산은 크다는 일상적인 관용어와 함께, 공자로 표상되는 유교적 코드로 곳곳에서 재현돼 동아시아 태산문화의 한 특색을 이루었던 것이다.

태산 버전으로 요즘에 나라 돌아가는 세태 한마디. "태산같이 믿었더니", 나라꼴은 "갈수록 태산", 국민들은 "걱정이 태산", 언제나 "태산을 넘어 평지를 보려나."

더 읽을거리 8

## 험한 세상 피해 갈 십승지

십승지十勝地는 전쟁이나 난리를 피하여 몸을 보전할 수 있고 거주 환경이 좋은 십여 곳의 장소를 가리킨다. 조선 후기의 『정감록』에 나오는 말이다. 영월의 정동 쪽 상류, 풍기의 금계촌, 합천 가야산의 만수동 동북쪽, 부안 호암 아래, 보은 속리산 아래의 증항 근처, 남원 운봉 지리산 아래의 동점촌, 안동의 화곡, 단양의 영춘, 무주의 무풍 북동쪽, 예천 금당실 등이 지목되었다.

십승지 담론은 조선 후기 정치와 사회가 피폐해지고 민중들이 살기 힘들어지면서 생겨났다. 십승지의 입지조건은 자연환경이 좋고, 외침이나 정치적인 침해가 없으며, 자족적인 경제생활이 충족되는 곳이었다.

승지란 사전적 의미로 자연경관과 거주 환경이 뛰어난 장소를 말하지만, 십승지는 개인의 안위를 보전하며 생활할 수 있는 열 곳의 피난 보신지를 뜻하였다. 십승지 관념은 민간 계층에 깊숙이 전파되어 거주지의 선택 및 인구이동, 그리고 공간인식에 큰 영향을 미쳤다. 당시 민간인들은 『정감록』의 십승지를 믿고 찾아 나서 실제 거주지를 그곳으로 옮긴 경우가 허다했다.

십승지 중에서 풍기 금계촌은 첫 번째로 등장하여 『정감록』 비결을 믿는 민간인들의 인구 이동에 영향을 주었다. 1959년의 조사연구에 의하면, 풍기로 전입한 주민들 가운데 많은 수가 『정감록』의 영향 때문에 이주했다고 한다. 이주한 주민들은 대부분 평안도와 황해도 출신들이었다. 그들은 풍기읍 중심지에 정착하여 인삼과 과수를 재배하거나, 소백산 기슭에서 밭농사를 하며 은둔했다. 금계촌에서 실제로 십승지 위치가 묘사된 그림지도를 소장한 후손을 만나본 적도 있다.

십승지는 『정감록』 문헌에 따라 위치가 조금씩 달리 나타나며, 새로 장소가 추가되기도 했다. 「남격암산수십승보길지지」에는 열 곳 외에도 여러 장소가 더해졌다. 모두 태백산과 소백산의 남쪽으로서, 풍기와 영주, 서쪽으로 단양과 영춘, 동쪽으로 봉화와 안동이 보신처라고 하였고, 내포의 비인과 남포, 금오산, 덕유산, 두류산, 조계산, 가야산, 조령, 변산, 월출산, 내장산, 계룡산, 수산, 보미산, 오대산, 상원산, 팔령산, 유량산, 온산 등도 해당되었다. 「서계이선생가장결」에는 "황간과 영동 사이에는 만 가구가 살아나고, 청주 남쪽과 문의 북쪽 역시 모습을 숨길 수 있다"고 하여 다시 몇 군데가 추가되었다. 지점된 십승지는 모두 지리적으로 내륙의 산간 오지에 위치하며, 한양이나 고을로 이어지는 큰길에서 벗어나 있다. 전란의 피해를 당하지 않기 위함이다.

십승지는 조선시대의 민간인들이 꿈꾸는 이상향이기도 했다. 그곳은 모두 산으로 에워싸인 분지 지형의 모습을 하고 있었다. 토지의 규모, 토양의 비옥도 및 생산성, 수자원 이용의 충족성, 온화한 기후 조건이 갖춰진 곳이었다. 농경을 통한 자급자족이 가능한 경제적 조건도 필요했다. 명당 길지도 요구되는 풍수적 조건이었다.

이상적인 주거지의 위치와 경관은 시대에 따라 변하고 재구성되기 마련이다. 십승지는 조선 후기 백성들이 혼란한 세상을 피해 안위를 추구하려는 사회적 담론이었다. 그들은 십승지로 지목된 곳을 찾아 삶터를 개척하고, 미래의 희망을 꿈꾸며 삶을 일구었다

더 읽을거리 9

## 지리산유람록의 생생한 표정

명산을 유람하고 견문과 감상을 기록한 유람록유람기류의 글은 조선시대 주요 명산의 자연, 생태, 지리, 생활사, 취락, 민속, 종교, 민간신앙 등의 정보를 생생하게 수록하고 있는 문헌의 보고寶庫다. 지리산에 관한 유람록만 해도 80여 명에 이르는 필자가 쓴 100여 편의 글이 남아 있다. 작성 연대도 15세기 중반부터 20세기 중반까지 500년에 걸쳐 있다. 지리산유람록은 조선시대 지리산지의 주민생활사를 담고 있는 가장 풍부하고 광범위한 자료원이다.

지리산유람록에서는 지리산지의 기후, 지형, 토질, 생태, 식생 등의 자연환경 조건을 언급한다. 남효온은 「유천왕봉기」에서 지리산이 주민들에게 베풀어주는 생활사의 다양한 이로움을 아래와 같이 적었다.

> 산에서 나는 감, 밤, 잣은 과일로 쓰고, 인삼, 당귀는 약재로 쓰며, 곰, 돼지, 사슴, 노루와 산나물, 석이버섯은 먹거리로 쓴다. 호랑이, 표범, 여우, 살쾡이, 산양, 날다람쥐는 그 가죽을 사용하며, 매는 사냥에 활용한다. 대나무는 대그릇을 만드는 데 쓰며, 나무는 집 짓는 재료로 사용하며, 소나무는 관을 만드는 데 쓰며, 냇물은 논에 물을 대는 데 이용하고, 도토리는 흉년이 들었을 때 활용한다. 대개 높고 큰 산은 움직이지 않고 그 자리에 있지만 인간에게 주는 이로움은 이처럼 풍부하다.
>
> • 남효온, 「유천왕봉기」(1487)

지리산은 대륙성 산지 기후의 특색을 지니고 있어 주민들의 거주와 생활사에도 직접적인 영향을 주었다. 특히 겨울철의 산지 기후는 산간 주민들의 주거와 이동 패턴도 규정했는데, 15세기 중반에 작성된 유람록에 의하면, 강설량이 많은 지리산지에서 왕래가 곤란하여 가을에 산에 들어갔다가 늦봄에 내려왔다는 것이다.

> 골짜기에는 여름이 지나도록 얼음과 눈이 녹지 않는다. 6월에 벌써 서리가 내리고, 7월에 눈이 내리고, 8월에는 두꺼운 얼음이 언다. 초겨울만 되어도 눈이 많이 내려…… 사람들이 왕래할 수 없다. 그러므로 이 산에 사는 사람들은 가을에 들어갔다가 이듬해 늦봄이 되어서야 내려온다.
>
> • 이륙, 「지리산기」(1463)

지리산유람록에는 산지 곳곳에 분포하는 식생의 수종에 대한 언급도 적지 않다. 높이에 따라 삼림식생의 분포와 경관이 달라지는 수직고도대에 관한 표현도 있다. 이륙의 「지리산기」에 의하면, "산 아래에는 감나무 · 밤나무가 많고 위로는 홰나무가 대부분이며, 높이 올라갈수록 전나무숲이고, 맨 위에는 철쭉뿐"이라고 했다. 감나무와 밤나무는 구릉대 및 산록대의 낙엽활엽수림이고, 전나무는 아고산대의 상록침엽수림이며, 철쭉은 고산대 관목림으로서, 지리산지의 수직적 식생대가 그대로 표현된 것이다.

지리산에는 정치, 사회, 경제 등의 다양한 이유로 세상을 피해 살거나 숨어사는 사람이 많았다. 한양과 지리적으로 멀리 떨어져 있고, 골짜기가 깊은 산지여서 사회적으로 관의 간섭에 자유로운 데다가, 경제적으로 농사도 자급자족해서 지어 먹을 수 있는 조건을 갖췄기 때문이었다. 19세기 후반에 이르러서는 사회적 혼란으로 말미암아 『정감록』 류의 도참비결이 민간에 성행하였고, 특히 청학동과 풍수비결이 결합된 형태의 청학동 비결류는 유민들의 지리산지 유입과 마을 형성에 기폭제가 되었던 것으로 보인다.

청학동비결을 들먹이며 원근에서 구름같이 모여들어 골짜기엔 빈터가 없다. 산꼭대기의 바람 불고 서리 내려 추운 곳까지 찾아와서는, 조금 평평하고 넓은 곳을 구하여 온 힘을 다해 집을 지어 거의 촌락을 이루었다.

• 김종순, 「두류산중문견기」(1884)

지리산권 마을은 대내외적인 계기로 축소되기도 했다. 대외적 요인으로 대표적인 것이 조선 중기의 임진왜란이다. 박여량의 「두류산일록」을 보면, 임진왜란 당시에 지리산권역도 많은 피해를 입어 수많은 사람이 죽고 폐촌이 되었다고 했다. 조선 후기에는 고을 관리들의 착취나 과도한 공납의 요구로 인해 주민의 숫자가 줄었다.

임진왜란을 겪은 뒤 사람들이 백에 하나도 남지 않을 정도로 죽어 마을이 쓸쓸해져서 다시는 옛날의 모습이 아닌데…….

• 박여량, 「두류산일록」(1610)

산속에 사는 백성들이 공납하는 벌꿀 및 각종 공물의 수량이 수십 년 전부터 해마다 증가하여 도망친 자들이 과반이나 된다고 하였다. …… 재물을 탐하는 관리들에게 착취를 당하여 편안히 살아갈 수 없게 되었으니 안타깝다.

• 이동항, 「방장유록」(1790)

지리산지 마을의 모습은 어땠을까? 15세기 및 20세기의 유람록에 따르면, 지리산 산청 지역의 마을 주위로 감나무와 밤나무 그리고 대나무가 둘러 있었다고 했다. "촌락에는 반드시 논이 있었다"는 표현으로 보아, 함양의 함허정에서 용유담에 이르는 일대의 마을에는 17세기 중반에 이미 벼농사가 일반적으로 행해지고 있었음도 확인된다. 산간 마을의 가옥 형태로서, 19세기 중엽의 유람록에는 띠를 얹은 지붕의 나무집 주거 모습도 드러난다.

양당壤堂, 현 산청군 시천면 사리 양당마을이라고 하였다. 집집마다 큰 대나무가 숲을 이루고 감나무와 밤나무가 뒤덮고 있었다.

• 남효온, 「지리산일과」(1487)

이곳은 용유담에서 20여 리쯤 되는데, 그 사이 왕왕 몇 채의 촌가가 보였다. 촌락에는 반드시 논이 있었는데, 모두 비옥하고 넉넉하여 살 만한 곳이었다.

• 박장원, 「유두류산기」(1643)

두류암頭流菴에 이르니 농가 수십 호가 있었는데, 모두 띠茅로 지붕을 얹고 나무를 얽어 살고 있었다.

• 김영조, 「유두류록」(1867)

지리산유람록에는 주민들의 농사 이야기가 여러 차례 나온다. 지리산지의 주민들은 산지에 적응하는 형태의 농경생활을 하면서 생계를 유지해 나갔다. 정석구의 「두류산기」1810에는, "높은 지대에는 화전을 일구고, 낮은 지대의 완만한 경사지에는 논농사를 했다. 농사가 어려운 곳 주민들은 임산물을 활용한 목기, 양잠 등 제조업을 하며 생업을 꾸렸다"고 하였다.

지리산지의 화전은 인구 유입이 본격적으로 시작된 17세기에 이르자 활발하게 개간되었다. 그러나 일제강점기에 들어서자 지리산지의 화전 경작은 급격히 위축되었다. 지리산지에서 화전을 통해 생업을 유지하고 있던 주민들은 강제로 쫓겨나고 경작을 금지당했다. 김택술이 「두류산유록」1934에서, "일본의 법령은 미치지 않는 곳이 없다. 산을 국유지라고 하여 숲을 불태워 밭을 일굴 수도 없다"고 한 표현은 이러한 당시의 정황을 생생히 반영한 것이다.

지리산지 농경의 대표적인 특징으로는 벼농사를 꼽을 수 있다. 민재남의 「유두류록」에는 주민의 모내기 풍경이 묘사되어 있다. 조선 후기에 지리산지까지 일반화되었던 파종법으로서 이앙법移秧法의 장면을 보여주는 것이다.

> 오봉촌산청군 금서면 오봉리을 지나는데…… 농부 두 사람이 보였는데, 한 사람은 모를 심고 한 사람은 모를 지고 있었다.
>
> • 민재남, 「유두류록」(1849)

지리산지 주민들의 주요 생업과 산물로는 임산물 채취, 농작물식량 및 환금작물 및 닥나무 재배, 공산품 제조 등으로 나뉜다. 산에서 채취하는 임산물로는 잣, 상수리, 쑥, 나물, 약초, 고로쇠, 차 등이 있었다. 쑥과 상수리는 지리산지에 흔하여 구황 양식으로 널리 채취되었다. 감자는 19세기 이후에 도입된 후 재배되었는데, 김택술의 「두류산유록」에 덕평하동 대성리의 감자 기록이 나오는 것으로 보아, 당시에 이미 높은 산지에서도 널리 생산한 것으로 보인다.

> 깊은 산속의 사람들은 산에서 나는 나물과 과실을 먹고 산다. 산에 가득한 것은 상수리나무로, 가을이면 상수리가 골짜기에 가득하여 어린아이도 양식거리를 주울 수 있다.
>
> • 김종순, 「두류산중문견기」(1884)

> 덕평은 오곡이 자라지 않고 감자만 생산된다고 하였다. 해마다 감자 수확량이 줄어서 식량 사정이 어렵다고 한다.
>
> • 김택술, 「두류산유록」(1934)

주거지 주변에서 얻는 농작물로는 식량작물과 환금작물이 있었다. 식량작물로는 콩 등이 있고, 환금작물로는 감, 밤, 배, 연초, 차, 벌꿀 등이 기록됐다. 17세기 초 박여량의 「두류산일록」에 따르면, 함양·마천 지역 많은 주민은 감을 따서 생계를 꾸렸음도 확인된다. 주민의 생업현장을 드러낸 사실적인 묘사로서, 구례의 화개계곡에는 찻잎을 따는 아낙들이 산에 가득했다고 문진호는 「화악일기」에서 적었다.

> 실덕實德, 현 함양군 마천면 덕전리 실덕마을, 마촌馬村, 궁항弓項 등의 마을이 있었다. 곳곳에 감나무가 서 있는데…… 산속에 사는 백성

들이 이 감을 따서 생계를 꾸려간다.

• 박여량, 「두류산일록」(1610)

삼신동에 이르렀다. 차 싹이 한창 피어나 찻잎을 따는 아낙네가 산에 그득하였다.

• 문진호, 「화악일기」(1901)

지리산지 주민들이 관에 바쳐야 할 공물로는 매, 잣, 벌꿀 등이 있었다. 유람록에는 공물로 바치기 위한 목적으로 매를 사냥하는 자세한 묘사가 15세기 후반부터 17세기 후반까지의 기록에 나타나 인상적이다.

사당 밑에 작은 움막이 있었는데, 승려가 말하기를, "이는 매를 잡는 자들이 사는 움막입니다"라고 하였다. 매년 8, 9월이 되면 매를 잡는 자들이 봉우리 꼭대기에 그물을 쳐놓고 매가 걸려들기를 기다린다고 한다. …… 그들은 눈보라를 무릅쓰고 추위와 굶주림을 참으며 이곳에서 생을 마치니…….

• 유몽인, 「유두류산록」(1611)

구례와 하동 사이에 있는 화개장터는 지리산권역에서도 산·강·바다에서 나는 물산이 모이고 유통하는 가장 활발한 도회지였다. 정석구의 「두류산기」에는 화개장터의 장날 풍경이 생생하게 묘사되었고 매매 품목, 물산의 규모와 유통 범위 등이 기록됐다.

섬진강 하류 동쪽 언덕은 영남과 호남의 사람들이 크게 모이는 대도회지이다. 매번 장날이 되면 섬에서 온 수백 척의 배가 해산물을 싣고 거슬러 올라오고, 강에서 내려온 배 10여 척은 육지에서 난 물산을 포장하여 강을 따라 내려와 긴 언덕에 줄지어 정박한다. …… 부유하고 큰 규모의 장사치와 거간꾼들이 줄지어 가게를 열고서 다투듯이 소란스럽게 외쳐댄다.

• 정석구, 「두류산기」(1810)

지리산은 고대부터 국가의 제장祭場이었던 영산의 상징성으로 말미암아 여러 민속신앙 경관도 형성되었다. 천왕봉에 있는 천왕당성모당을 위시하여 백무당, 제석당 등이 조선 중기 이전부터 있었고, 용왕당龍王堂과 서천당西天堂 등은 후기에 새로이 조성되었다. 임진왜란을 겪고 난 후 사회적인 혼란과 경제적 피폐로 인하여 지리산지에 무당이나 승려들이 더욱 많아지고 민간신앙소도 여러 개 새로 생겨났던 것이다.

임진왜란을 겪은 뒤 …… 무당이나 승려 같은 무리들은 옛날에 비해 더욱 번성하고 있다. …… 백모당, 제석당, 천왕당 등은 모두 옛날에 지은 것이고, 용왕당, 서천당 등은 새로 지은 것이다.

• 박여량, 「두류산일록」(1610)

성모당상당·천왕당은 지리산의 가장 대표적인 민간신앙소였다. 이륙의 「유지리산록」에 따르면, 조선 전기 때도 산 인근의 사람들 중에 질병이 있다거나 큰일이 있을 때에는 반드시 성모에 기도했다고 한다. 산 속의 여러 사찰에서도 성모를 모시는 사당을 세우고 제사했다는 기록이 있어 흥미롭다.

> 산 인근의 사람들은 모두 천왕성모를 신령으로 여겨 질병이 있으면 반드시 성모에게 기도한다. 산속에 있는 여러 절에서도 사당을 세우고 성모에게 제사하지 않는 데가 없다.
>
> • 이륙, 「유지리산록」(1463)

일찍이 김종직은 지리산을 유람하고 천왕봉에서 성모상에 대한 기록을 남겼다. 「유두류록」에 따르면, 15세기 말의 사당 건물은 세 칸짜리 판잣집이었으며, 사당 안벽에는 승려 화상이 두 점 그려져 있었다. 성모는 석상으로 목에는 갈라진 금이 있었다. 사당 동쪽의 돌로 쌓은 단에는 부처가 놓여 있었다.

> 사당 건물은 세 칸뿐이었다. 엄천리 사람이 새로 지었는데, 나무 판자로 지은 집으로서 못질이 매우 견고하였다. 사당 안벽에는 두 승려의 화상이 그려져 있었다. 성모는 석상인데, 눈과 눈썹 그리고 머리 부분에 모두 색칠을 해놓았다. 목에 갈라진 금이 있어 그 까닭을 물으니, "태조께서 인월에서 왜구를 물리치던 해에 왜구들이 이 봉우리에 올라 칼로 석상을 쪼개고 갔는데, 후세 사람들이 다시 붙여놓았다고 합니다"라고 하였다. 동쪽으로 움푹 팬 곳의 돌로 쌓은 단에는 부처가 놓여 있었다.
>
> • 김종직, 「유두류록」(1472)

성모당의 실질적인 관리와 운용은 무당들이 담당했다. 박래오는

「유두류록」에 무당이 기도하고 굿판을 벌이는 모습을 생생하게 묘사했고, 겨울철 하산 후에 신을 맞이하는 신목 이야기도 적었다.

> 신당 안으로 들어가니 무당 6~7명이 있었다. …… 잠시 후 무당 두세 명이 신당에서 나와 소지전을 사르고, 대통밥을 올린 뒤 허공을 향해 두 손을 비비며 지극정성으로 기도를 올렸다. …… 밤이 되자 무당들이 다투어 굿판을 벌여 노래를 하고 춤을 추었다. …… 종추鐘湫 못가에는 세 길쯤 되는 서까래처럼 생긴 나무가 있었는데 그 몸통을 종이로 싸서 하얗게 만들어놓았다. 일행이 괴이하여 묻자 길을 안내하는 자가 말하기를, "이는 무당들이 신을 맞이하는 대나무입니다. 정상의 신인당神人堂에서 수직하는 자는 매년 3월 3일 산에 올라 10월 1일 하산을 합니다. 그가 하산하는 날 무당들이 몰려와 이 나무를 둘러싸고 신을 맞이하는 곡을 다투어 연주합니다"라고 하였다.
>
> • 박래오, 「유두류록」(1752)

이렇듯 지리산유람록은 조선시대 지리산지 주민의 생활사에 대해 풍부한 1차적 자료를 생생하게 제공한다. 조선시대 지식인들이 유람을 하면서 본 주민들의 삶과 생활에 대한 시선이 풍부하게 담겨 있는 것이다. 당시의 유람 열풍은 요즘의 등산과 답사, 둘레길 걷기의 원조격이라고 할 만하다. 요즘 지자체나 국립공원마다 문화콘텐츠와 스토리텔링을 개발하는 데 힘을 쏟고 있다. 선조들의 명산유람록에는 그 무진장한 기록 자원이 담겨 있다.

# 5

# 역사를 품에 안다

## 산과 사람들

나라의 몰락과 역사의 격랑은

서울의 산천에도 어두운 그림자로 덧씌워졌다.

온 산천이 피로 물들고 두 동강까지 난 상처는

어찌 더 말하리오.

다 파먹히고 앙상하게 뼈대만 남은 산이 무슨 산인가?

서울 산천의 미래는 어떻게 내다볼 수 있을까.

# 국산國山의 정치학과 백두산

## 국산이 가지는 정치적 상징성

나라마다 국화國花가 있고, 국조國鳥가 있듯이, 국산國山도 있겠다. 동아시아는 산 아이덴티티의 문화전통을 공유하고 있어서 나라를 상징하는 대표산이 있다. 한국의 국산은 단연코 백두산이다.

그렇다면 일본은? 누가 뭐래도 후지 산이다. 메이지 시대부터 지금까지 소학교에서 부르는 노래로 '후지 산'ふじの山이 있는데, "후지와 닛뽄 이찌노 야마~"富士は日本一の山하면서 목청을 높인다. 후지는 일본의 으뜸산이라는 노랫말이다.

일본 사람들에게 후지 산은 신성한 영산으로 예부터 영감과 예술의 원천이었다. 2013년에 세계문화유산에 등재시켜 국가적인 자존심도 세웠다. 후지 산 사랑도 각별하다. 새해 첫날밤 후지 산 꿈을 꾸면 최고의 길몽으로 친다. 일본 사람들에게 후지 산은 교토, 이세 신궁과 함께 죽기 전에 꼭 한 번은 가야 할 세 곳 중의 하나다. 신칸센을 타고 지나갈 때도 후지 산이 보이면 '기레이!' 를 연발하면서 사진 찍기 바쁘다.

그럼 중국의 나라산은 어느 산일까? 한국의 백두산, 일본의 후지 산과는 조금 다른 역사적 텍스트가 있다. 전통적으로는 태산이 있

ⓒ 위키미디어 커먼스

위성에서 본 백두산.
백두산 천지에서 시작된 산줄기는 온 사방으로 뻗어나간다.
땅의 기운이 시작된다.

었다. 태산은 1930년대 이후 한동안 국산國山이라고 불렀다. 시대적 상황으로 발로된 민족의식의 반영이다. 태산은 중국이 자랑하는 세계유산 제1호이기도 하다. "태산이 높다 하되" 해서 엄청 높은 산 같지만, 사실 1,545m로 태백산보다 낮다. 그렇지만 태산에 대한 중국인들의 자존심은 대단하다. 모든 황제는 태산에서 하늘의 제사를 올리고 정통성을 만천하에 과시했다. 공자도 "태산에 올라 천하가 작은 것을 알았다"고 했다. 태산에 가보면 물밀 듯이 올라오는 중국인들의 인산인해를 실감한다.

또 다른 의미에서는 곤륜산도 중국의 대표산이다. 전통적으로 여기에서 천하의 산줄기가 뻗었다고 믿기 때문이다. 그런데 중국은 여러 민족이 번갈아 왕조가 된 나라다. 청나라 만주족의 국산은 장백산이었다. 우리의 백두산을 그들은 장백산이라고 부르며 한때 조선과 청나라 모두의 국산이 되었다. 청과 조선의 국산 정치학에서 이런 일이 있었다.

1709년 11월 24일, 청나라 강희제와 신하들이 행궁인 창춘원에서 국정을 의논하고 있었다. 강희제는 신하들에게 태산 산줄기의 맥은 어디에서부터 오는지를 물었다. 신하들은 "산서성과 하남성에서 오는 것으로 알고 있습니다"라고 상식대로 답했다. 그러자 강희제는 의외의 말을 하는 것이었다. "그렇지 않다. 태산의 맥은 장백산에서 온다"라고 하면서, 그 사실을 온 나라에 선포했다.

강희제가 선언한 '태산 맥의 장백산 조종설'은 일종의 상징물 전쟁으로서 문화정치적으로 중요한 시사점을 던져준다. 역사적으로 태산은 한족에게 정신의 중심이자 정치의 상징이었다. 그런데 이민족인 만주족이 청나라를 세우고 중원을 장악하면서, 만주족은 한족을 정치적·상징적으로 통합해야만 했다. 그러기 위해서 만주족의 상징인 장백산과 한족의 상징인 태산은 합쳐질 필요가 있었다. 태산이 가진 한족의 이데올로기적인 상징성은 마땅히 만주족의 정통성에 연결되어 계승·수용되어야 했던 것이다.

청의 장백산은 만주족들에게 민족의 발상지로서 신성한 지위를 지니고 있었다. 『만주실록』에서는 "만주족은 원래 장백산의 동북쪽 포고리산布庫哩山 아래에서 기원했다"고 한다. 청나라가 중국 전역에서 정치적 헤게모니를 쟁취하여 중원을 무대로 정치력을 확장

백두산 천지.
우리 산줄기의 근원이 이곳에 있다. 국토의 조종산이다.

하면서 장백산에 대한 숭배와 제의의 격은 더욱 높아졌다. 그렇지만 이제 중원으로 정치력을 확장한 청나라 왕조에게 한족의 산인 태산의 존재와 상징성은 그들의 장백산만큼이나 중요한 것으로서 대두되었다. 그 관계는 자칫하면 장백산과 태산의 상징물 경합이라는 문화전쟁을 불러일으킬 수도 있는 민감한 사안이었다. 장백산신앙과 태산신앙은 문화적 이질성과 역사적 단절성이라는 이념 문제도 갖고 있었다.

이 문제를 매끄럽게 해결하는 정치적 해법은 무엇이었을까? 그것이 바로 강희제가 선포한, "태산의 맥은 장백산에서 온다"는 절묘한 담론이었다. 두 산을 종주 관계로 계통적으로 연결시킴으로써, 청나라 조정은 왕권의 상징적 정통성과 정당성을 동시에 확보할 수 있었던 것이다. 산이 갖는 상징성이 정치 이데올로기로 활용된 흥미로운 역사적 사례라고 하겠다.

## 팔도의 모든 산이 다 백두산에서 일어났다

비슷한 시기인 조선 후기의 한반도에도, 태산의 장백산 조종설과 비교될 수 있는 국토 산줄기의 '백두산 조종설'이 실학자들을 중심으로 대두되었다. 산줄기를 기존의 중국 중심인 곤륜산이 아니라 한반도 중심의 백두산으로 설정한 것이 골자이다. 조선 중기까지만 해도 중화적인 지리인식과 풍수설의 영향으로 한반도 산줄기의 근원을 중국의 곤륜산에서 찾았는데, 조선 후기의 실학자들 사이에서 비로소 백두산 조종설이 대두된 것이다. 정약용은 "팔도의 모든 산이 다 백두산에서 일어났으니 이 산은 우리 산악의 조종

「해동팔도봉화산악지도」의 백두산 표현.
우뚝 솟은 백두산을 흰색으로 표현하여 신성하게 느껴진다.

이다"라고 하면서 그 줄기를 '백산대간'白山大幹이라고 했다. 당시에 왜 이런 사회적 담론이 생기게 되었을까?

백두산은 15세기 이후 조선의 영토로 편입되면서 비로소 국토의 머리라는 상징성이 부각된 산이다. 정치적인 영역성이 국산의 위상으로 반영된 것이다. 고지도에도 확인되듯이, 1402년의 「혼일강리역대국도지도」에는 백두산이라는 지명만 표기되어 있을 뿐 강조되어 표현되지 않았다. 16세기 중엽의 지도인 「혼일역대국도강리지도」에서야 백두산을 국토의 조종산으로 표시하고 백두대간이 뚜렷해진다. 특히 1712년에 청나라가 백두산 남쪽에 정계비를 건립함으로써 백두산의 정치적 · 영토적 의의가 더욱 중시되었다.

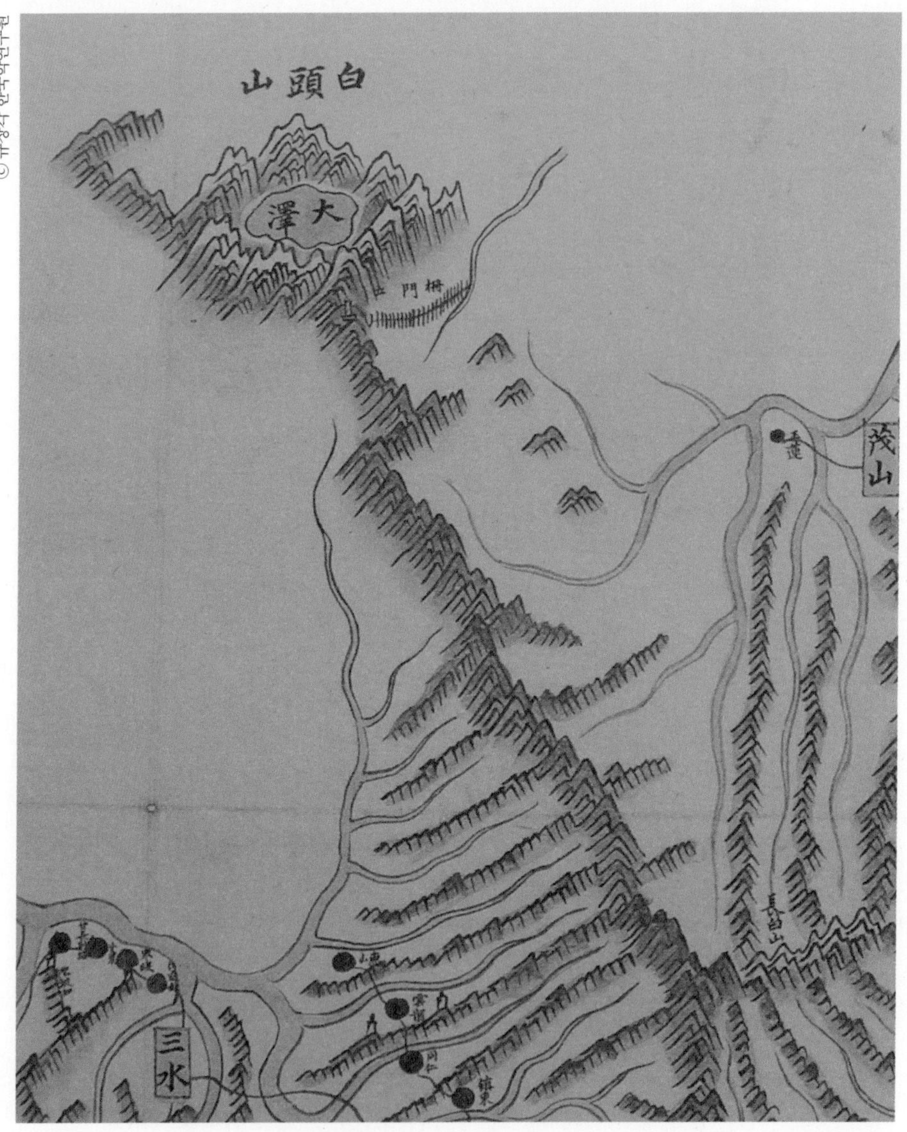


백두산과 그곳에서 뻗은 군센 산줄기가
잘 표현되었다. 백두산이 마치 하늘에 있는 산처럼
묘사되었다(『여지도』, 18세기).

때를 같이하여 지식인들의 국토 산하에 대한 자긍심이 커졌고, 자주적 국토 인식으로 말미암아 영토의 종주로서 백두산의 의미가 더욱 강조되었다. 이러한 시대배경에서 신경준은 백두산을 나라 열두 명산의 하나로 지정했고, 정약용은 한발 더 나아가 "백두산은 동북아시아 여러 산의 조종할아비"이라고까지 언급하며 의미와 가치를 적극적으로 부여했다.

두 나라에 접경하여 영토 문제를 야기했던 백두산장백산은 결국 1962년에 조중변계조약朝中邊界條約 체결에 의거해 북쪽 45.5%는 중국 영토의 장백산이 되었고, 남쪽 54.5%는 북한 영토의 백두산이 되었다.

북한의 백두산 정치학은 다분히 이데올로기적이다. 백두산의 상징성을 김일성의 주체사상과 결부시켜, 백두산=김일성으로 표상하는 고도의 우상화 전략으로 활용되었기 때문이다. 백두산의 상징성을 정치적으로 이용하는 사례는 일찍이 고려시대에도 있었다. 태조 왕건은 백두산에서 부소산으로 내려와 성거산신이 된 작제건과 서해의 용녀 사이에서 태어났다고 신화화되었다.

이러한 백두산 정치학이 가능한 것은 국민들에게 백두산이 지니고 있는 상징성이 너무나 크기 때문이다. 산의 정치는 동아시아 중에서도 특히 한반도에서 오늘날까지 통용되고 있다.

## 한반도에만 흐르는 산천 지향성

한·중·일의 국산문화를 비교해보자. 우리에게 백두산은 하늘의 산이고, 국토의 산줄기가 비롯하는 머리이며, 조상이 내려온 곳

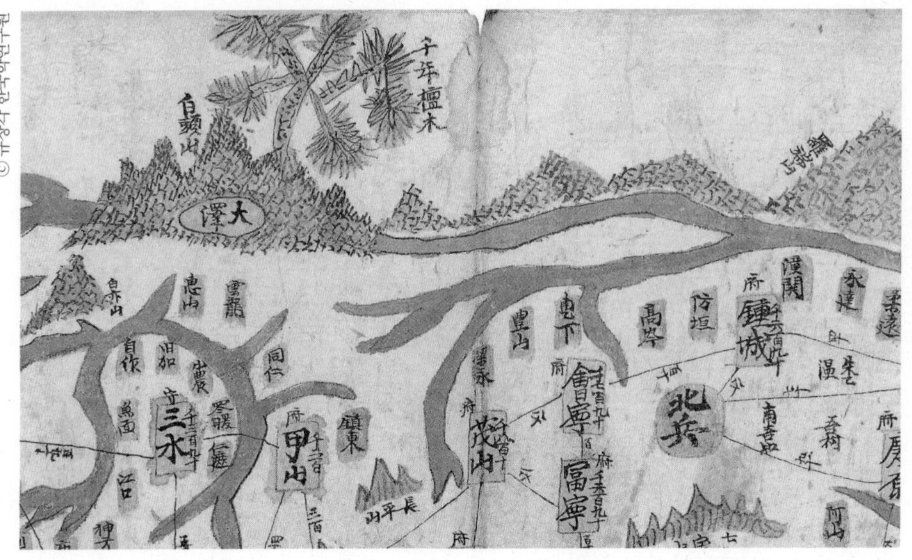


『지도』의 「함경도」 지도에는 신단수로 이해되는
'천년단목'(千年檀木)이 그려져 있다. 천지는 대택(大澤)이라 표기하였다.

이다. 심층적인 집단무의식이 시작되는 산이다. 상대적으로 일본인들에게 후지 산은 신앙, 상징, 미학으로 그 의미가 한정되어 있다. 후지 산의 국산 이미지는 근대적인 산 정치학의 산물이다. 중국의 국산은 여러 산으로 나뉘어 있다. 태산은 황제의 산이고, 곤륜산은 산줄기의 발원지며, 장백산은 청 왕조의 조상 산이다. 이 산들은 현재 중국인에게는 국산으로서의 의미가 퇴색했다. 그러나 우리의 백두산은 조선시대부터 줄기차게 국산의 정체성이 문화전통으로 이어져왔고, 상징 · 지형 · 민족 · 의식이 뭉뚱그려져 복합적인 의미를 공유하고 있다.

각 나라의 국가國歌 가사를 비교해보는 것도 재미있다. 국가는 각 나라의 지향성을 드러내는 상징 이미지의 단면이기 때문이다.

『대동여지도』의 백두산. 대지(大池: 천지)와 함께 그려졌다.
나라 산줄기의 으뜸이 되는 상징성이 강조되어 잘 표현되었다.

한국과 북한의 국가에는 모두 백두산이 등장한다. 우리는 "동해물과 백두산이…… 삼천리 화려 강산"이라고 부르고, 북한도 "아침은 빛나라 이 강산은~. 백두산 기상을 다 안고~" 하며 1, 2절을 모두 산으로 시작한다. 남북한 둘 다 강산산천 지향성인 것이다.

그런데 일본과 중국은 다르다. 일본 국가는 천왕시대가 만세로 이어지라는 내용이다. 천왕 지향성이다. 같은 천왕제인 영국 국가도 비슷하다. "신이시여 우리의 자애로우신 여왕을 지켜주소서!" God save our gracious Queen로 시작한다. 중국 국가는 항일전쟁 때 인민들의 전진을 고취하는 의용군 행진곡이다. 인민 지향성이다.

미국, 프랑스, 독일 등 어느 나라에도 한반도처럼 산이 국가의 첫머리에 등장하는 나라는 찾아보기 힘들다. 국가를 비교하더라도 한국은 산 지향성이나 국산 정체성이 가장 강한 나라임은 분명해 보인다.

이런 우리의 백두산을 남의 땅 중국의 장백산에서만 바라볼 수 있을 뿐, 내 땅에 내 발로 설 수 없다는 분단의 먹먹한 현실이 가슴을 치게 한다.

# 속리산 유토피아

## 세속을 벗어나는 산

'장소 세포'place cell라는 것이 있다. 영국의 존 오키프 교수가 발견했는데 그 공로로 2014년 노벨생리의학상을 수상했다. 생쥐의 뇌에 전극을 연결했더니, 특정 방향에 있을 때는 특정 신경 세포가 활성화되고, 다른 장소에 있을 때는 다른 신경 세포가 활성화됐다. 장소 기억은 뇌 속의 장소 세포에 지도처럼 저장되어 반응한다는 것이다. 뇌는 걸어 다니는 내비게이션과 다름이 없다.

동물과 달리 사람이 장소를 인지하고 장소와 맺는 관계는 훨씬 복잡하고 심오하다. 지리적 위치와 같은 공간적인 감각뿐만 아니라 사회문화적이고 정서적이며, 더 나아가서 정신적인 관계까지 맺는다. 사람에게 장소는 특정한 이미지나 느낌으로도 저장된다. 그래서 사람은 장소적 동물이며, 사람에게 공간은 장소성을 지닌다고 할 수 있다. 더구나 장소와 소통하는 주체는 공동체적이기도 하다. 한 시대에 사회집단이 꿈꾸는 이상적 장소의 담론이 이상향 또는 유토피아다.

극락과 천당, 정토와 낙원, 낙토와 복지, 승지와 길지까지, 여기에는 사람들만이 지녔던 이상적 장소에 대한 염원이 담겨 있다. 그

속리산 법주사 팔상전.
법주사는 속리산의 살아 있는 정신으로
종교와 신앙의 중심지다.

런데 그 좋은 곳을 아무나 쉽게 가지도, 어딘지 알지도 못한다는 데에 딜레마가 있다. 극락이나 천당처럼 이승에 아예 없는 것도 아니고, 낙토나 복지처럼 있긴 있다는데 오리무중으로 도무지 찾을 수가 없는 것이다. 속리산 언저리에 있는 이상향 우복동도 그런 곳이다.

유토피아의 어원은 그리스말로 없는 장소 또는 좋은 장소라는 양면적인 뜻을 지닌다. 세속에는 없는 마음속의 이상적인 장소다. 서양에서는 에덴동산이, 중국에서는 무릉도원이 그곳일 게다. 우리 땅에 유토피아는 어디쯤 있었을까? 지리산과 속리산이 그 대표

속리산 우복동 표석.
경북 상주시 화북면 용유리
병천마을 입구에 있다.
속리산에 있는
여러 우복동 마을의 하나다.

적인 장소이다. 특히 속리산은 이름처럼 세속을 벗어난 산이다. 세속을 떠난 산에 우복동이라는 유토피아가 있었으니 우연일까 필연일까. 속리산은 어떤 장소성을 지닌 산이었기에 그랬을까.

속리산은 백두대간의 허리이자 한남금북정맥으로 갈라지는 분기점에 자리한다. 한반도를 인체에 비유하면 속리산은 척추의 허리뼈요추 지점에 있다. 속리산에서 비롯한 물은 금강·남한강·낙동강 세 줄기로 나뉘어 흘러 삼파수三波水라고 했다. 삼파수의 공간 이미지를 크게 떠올려보시라. 바로 삼태극 아이콘이다. 그래서 속리산은 겨레정신이 발원하는 공간적 원점 자리다. 삼파수는 옛 명칭이다. 조선 중기 김극성1474~1540의 문집에 "문장대 위의 삼파수"라는 글이 나오고, 조선 후기의 『괴산군읍지』에도 "속리산 삼파수"가 등장한다. 삼파수는 황해도 구월산에도 있다고 김정호는 『대동지지』에 기록했다. 속리산의 이러한 지정학적 위치의 중요성으로 말미암아 신라 때부터 중사中祀로 나라의 제사를 받았다.

한국의 다른 명산들에 비해 속리산은 봉우리가 많고 수려하기로 유명하다. 전국의 국립공원 경관자원에 속리산은 총 35개 봉우리가 지정되어 가장 수가 많다. 설악산은 그다음으로 29개, 지리산은 25개다. 속리산은 봉우리 아홉이 두드러져 구봉산이라는 이름도 있다. "석세石勢가 높고 크고 중첩하며, 산봉우리가 하늘로 치솟은 것이 마치 만 개의 창을 벌여놓은 것 같다." 『대동지지』에 실린 김정호의 찬탄이다. 이중환은 「동국산수록」에서 "바위의 형세가 높고 크며 봉우리 끝이 다보록하게 모여 피는 연꽃 같고, 횃불을 벌여 세운 것 같다"고도 했다. 이렇듯 속리산은 경치가 빼어나 작은 금강산, 즉 소금강산이라고도 불렀다.

속리산의 최고봉 이름이 천왕봉이었다는 것도 예사롭지 않다. 속리산 정상에는 대자재천왕사大自在天王祠라는 사당이 있었는데, "산속에 사는 사람들이 매년 10월에 신을 맞이하여 제사지낸 후 45일을 머물다가 돌아간다"고 『신증동국여지승람』은 기록하고 있다. 지금은 맥이 끊어진 속리산 천왕봉 산신제의 기록이다.

현재 이름은 천황봉으로 되어 있지만 조선시대 고지도와 문헌에는 모두 천왕봉으로 표기되어 있다. 천왕봉이란 이름은 지리산, 무등산, 비슬산, 장수산황해도 재령, 천왕산경남 고성의 주봉이기도 하

속리산의 문장대 오른쪽으로 천왕봉과 사자봉,
왼쪽으로 향로봉과 묘봉이 보인다.(오른쪽 위) 평평한 문장대와
험준한 사자봉이 사실적으로 그려졌다. 명당지에 들어선
법주사 팔상전과 오층석탑도 뚜렷하다. (『해동지도』, 보은)

다. 그런데 속리산을 포함하여 여러 산이 일제강점기를 거치면서 천황봉으로 둔갑해버렸다. 대구의 비슬산 천왕봉은 2014년 10월에야 원래 이름을 되찾아 천왕봉으로 고시되었다. 속리산도 하루 빨리 원래의 천왕봉 이름을 되찾아야 할 것이다. 항간에 알려졌듯이 천황봉이라는 지명은 모두 일제가 개악한 것만은 아니다. 조선시대에는 장수의 주산, 월출산의 주봉, 광양의 천황봉도 있었다.

속리산의 지형 경관을 내산과 외산으로 구분한 사실도 흥미롭다. 성해응의 『동국명산기』에, “복천사 동쪽을 내산이라고 하고, 법주사 위쪽을 외산이라고 하는데, 내산에는 돌이 많고, 외산에는 흙이 많다"고 적었다. 흙이 많다는 것은 농사지을 수 있는 토양조건이 갖춰졌다는 뜻이다. 흔히 설악산도 내설악, 외설악 하듯이 속리산도 내속리, 외속리라 구분할 만하다.

속리산 인근에는 작은 속리산도 생겨났다. 충북 음성에 있는 432m의 소속리산이다. 속리산과 산세가 닮고 산줄기가 이어졌다고 해서 이름 붙여졌다. 진안의 마이산 앞에도 작은 봉우리로 나도산나도 마이산이란 뜻이라고 있는데, 역시 생김새가 비슷해서 붙은 이름이다. 소속리산이나 나도산처럼 산 이름 지어주고 풀이하는 선조들의 심성이 정겹고 인정스럽다.

## 신령한 기상을 품고 기르며 높고 넓고 깊고 두터우니

속리산은 조선 후기 지식인들도 주목했다. 신경준은 나라 열두 명산의 하나로 포함했고, 이중환은 국토 등줄기의 여덟 명산에 올렸다. 속리산의 명산됨을 다른 산과 비교한 유학자들의 견해도 관심을 끈다. 이만부1664~1732는 「속리산기」에서 "속리산은 청량산의 수려함이 있으면서도 산세를 펼친 것이 그보다 크고, 덕유산의 심오함이 있으면서도 기이함을 드러낸 것이 그보다 낫다"고 했다. 보는 견지가 높을뿐더러 고개가 끄덕여지는 말이다. 이중환은 "온 산을 빙 둘러 이상스러운 골짜기와 별스런 구렁이 많아 금강산 다음이다"라고도 했다. 속리산이 거느린 빼어난 골짜기 경관을 특별히 지적한 것이다.

"속리산은 기이하고 험준함이 금강산에 미치지 못하고, 웅장하고 심원함은 지리산에 미치지 못하지만, 왜 특별히 명산으로

선유동 새김글.
선유동 계곡은 속리산 서북쪽의 골짜기에 있다.
선유동문(仙遊洞門)에서부터
굽이굽이 구곡(九曲)의 인문학이 시작된다.
화양계곡과 함께 속리산의 대표적인 동천(洞天) 명승이다.

일컬어지고 중국에까지 알려졌을까?" 「유속리산기」 속 박문호 1846~1918의 물음이다. 대답은 이랬다. "한강 남쪽의 모든 산이 다 이 속리산을 종마루朝宗로 한다. 신령한 기상을 품고 기르며, 높고 넓고 깊고 두터움은 여러 산이 비교할 바가 아니다." 이렇듯 조선시대 지식인들이 산을 보는 인문학적 안목은 넓고도 깊었다.

민중들도 속리산에 기대를 걸었다. 십승지 중 하나가 보은 속리산 아래 증항 근처에 있다는 것이다. 『정감록』의 말이다. 환난에서 벗어날 수 있는 피란보신의 땅으로 속리산 언저리가 꼽혔음을 알 수 있다. 이렇게 속리산의 지리적 위치와 수려한 경관, 삼재가 들지 않고 비옥한 농경지를 갖춘 삶터 등이 하나로 뭉뚱그려져 우복동이라는 이상향이 생겨났다.

> 속리산 동편에 항아리 같은 산이 있어, 예전부터 그 속에 우복동이 있다고 한다네, 산봉우리 시냇물이 천 겹 백 겹 둘러싸서, 여민 옷섶 겹친 주름 터진 곳이 없고, 기름진 땅 솟는 샘물 농사짓기 알맞아서, 백 년 가도 늙지 않는 장수의 고장이라네.

정약용이 지은 「우복동가」라는 글귀다. 우복동이 지닌 천혜의 자연경관과 이상적인 농경조건 그리고 장수 지역의 특성이 드러났다. 우복동의 장소성에 대한 당시의 널리 알려진 인식이 반영돼 있다.

조선시대에 우복동은 낙토와 복지의 대명사로 여겨져 많은 민중

경북 상주시 화산마을. 우복동으로 알려져 있다.
소가 배를 깔고 누워 있는 모습의 산 형세를 보인다.
한때 전국에서 우복동이라고 믿고 모여든 사람들로
북적인 적도 있으나 지금은 쇠락했다.

이 여기서 생활터전을 일구었다. 그런데 속리산 우복동이 정확히 어딘지는 여러 설이 분분했다. 조선 후기에 어찌나 우복동에 대한 의견이 많았던지, 실학자 이규경1788~1856은 「우복동변증설」 「우복동진가변증설」 등의 글까지 써서 검토했을 정도다. 지금 행정구역으로는 대체로 상주시 화북면 용유리, 장암리, 상오리 권역으로 추정한다. 속리산1,058m, 청화산984m, 도장산828m의 삼각형 꼭짓점으로 둘러싸인 분지다. 용유동천, 우복동천이 있는 곳이기도 하다.

속리산 우복동은 지리산 청학동과 함께 한국의 전통적인 유토피아를 대표하는 장소였다. "세상 사람들이 일컫는 동천복지로 청학동과 우복동"이라는 이규경의 말로도 확인된다. 두 이상향 모두 산지에 있다는 공통점이 있다. 서양의 유토피아는 평지에 도시로 구성되거나 천상을 꿈꾸는 것과 대비된다.

우복동의 장소성은 청학동과 어떻게 다를까? 장소 이미지가 다르다. 우복동은 소의 뱃속 같은 편안하고 넉넉한 골짜기이고 청학동은 푸른 학이 날아 깃든 듯 청아하고 신비로운 골짜기다. 그래서 우복동이 풍요로움이 묻어나는 복지의 생활형 이상향이라면, 청학동은 무릉도원 같은 승지의 신선경 이상향이다. 지형적으로도 차이가 난다. 우복동은 속리산 바깥 기슭의 분지에 있어 농경지가 넓고 비옥하지만, 청학동은 지리산 안 깊은 산속에 있어 논밭이 협소하고 척박하다. 그래서 두 이상향의 시대적 배경과 사회적 성격도 다르다. 우복동은 조선 후기의 사회공동체적인 이상향 담론이지만, 청학동은 고려 후기의 개인은일적인 유토피아 담론이다.

이렇듯 조선시대를 살았던 사람들의 의식지도 속에 속리산은 이름처럼 세속의 난리를 벗어난 유토피아였다. 그렇게 기억되어 저장됐던 장소 세포가 지금 그곳에 가면 어떻게 반응할지 자못 궁금하다.

# 서울의 북악에서 통일의 조강으로

## 산이 있는 나라의 도읍

곤륜산 일지맥一支脈이 동해로 들어올 제,
행룡行龍, 오는 산줄기은 기몇만리幾萬里며 굽이는 몇 굽인고.
백두산 기봉起峯하여 봉우리 일으켜 함경도 넘어서서,
강원도 내달아서 경기도 돌아올 제,
북극을 받쳤는 듯, 부용芙蓉을 깎았는 듯.
도봉에 머물러서 층층이 오는 기세,
군선群仙뭇 신선이 모였는 듯, 아홀牙笏이 벌였는 듯.
삼각산 기봉起峯할 제 천년을 경영인가, 만년을 경영인가,
호거용반虎踞龍蟠, 호랑이가 걸터앉은 듯, 용이 서린 듯 기이하다.
북악이 입수入首, 머리를 내밂되고, 종남산終南山 안산案山이라.
청룡은 타락駝酪되요, 백호는 길마재라.
강원도 금강산은 외청룡되어 있고,
황해도 구월산은 외백호되어 있고,
제주의 한라산은 외안外案이 되어 있고,
적성의 감악산은 후장後墻이 되어 있고,
두미월계斗尾月溪 내린 물이 용산 삼개 한강되고,

그 물줄기 흘러내려 오두재 합금合襟, 물줄기가 만남하여,

강화의 마니산이 도수구都水口, 도읍의 수구되었에라.

하늘이 내신 왕도 해동의 으뜸이라.

국호는 조선이요, 도읍은 한양이라.

• 한산거사漢山居士, 「한양가」(1840)

한국에야 어디나 산이 있고 수도 서울이 산으로 둘러 있는 것을 당연하게 여기지만 다른 나라엔 산이 없는 수도도 흔하다. 베이징과 도쿄도 평원에 자리하여 산은 아득히 멀리 있다. 분명한 사실은 전통적으로 한국의 수도 입지에서 산천이 가장 중요한 결정 요인이었다는 점이다. 한국적 정체성인 셈이다.

선조들이 지녔던 수도의 산천에 대한 원형적 사유는 어땠을까? 수도를 결정할 때 산천은 어떤 기준으로 선택되고 어떻게 가치가 매겨졌을까? 이 의문을 풀면 서울 산천의 과거와 미래가 한꺼번에 보일 것 같다.

그 첫 열쇠는 고조선 신화에 나타난다. 환웅은 태백산 신단수 아래에 신시를 열었다고 했다. 산과 숲의 도읍이라는 기본 구조가 드러난다. 가야는 또 어땠을까. 김수로왕은 서기 43년에 왕도를 정하러 직접 나섰는데, 사방의 산을 둘러보고 "빼어나고 기이하다"고 말하며 터를 결정했다. 수려한 산이 왕도의 사방에 둘러 있는 형세인 것이다.

비슷한 시기에 신라의 탈해이사금은 토함산에 올라 왕궁터반월성를 보니 "초승달같이 둥근 언덕이 있어 오래 살 만한 곳"이라 했다.

상징적 형상으로 산을 해석하고 있다. 903년, 후고구려의 궁예도 국도를 옮기려고 철원·평강에 가서 산수를 보았고, 고려 태조 왕건은 919년에 개성의 송악산 아래로 도읍을 옮기면서 풍수를 고려했다.

다음은 서울이다. "삼각산, 북악 남쪽의 산형과 수세가 가히 도읍을 세울 만하다." 산수 형세를 따져 고려의 남경南京을 설치하던 당시 평가단들의 견해다. 조선의 태조 이성계가 무학대사와 신하들을 거느리고 서울의 풍수를 살펴본 후 왕도를 결정했다는 사실은 잘 알려져 있다. 후보지 주산이었던 계룡산, 무악안산, 북악과 한강 등의 산천 조건이 엄정하게 검증되었다.

산천의 조건을 무엇으로 어떻게 평가했을까. 한양의 풍수조건으로서 삼각산에서 북악으로 이어지는 산줄기 형세와 도성을 이루는 산수 국면, 한양의 교통조건으로서 뱃길의 조운과 육상 도로, 그리고 군사조건으로서 성곽을 축조할 수 있는지의 여부 등이 종합적으로 검토되었다. 북악의 입지와 대비하여 계룡산의 지리적 위치는 국토의 남쪽에 치우쳐 있고, 무악296m은 도성을 이루는 국면이 좁고 성곽을 축조할 주산으로서 높이가 낮다는 결점이 지적되었다.

이윽고 우리가 아는 대로 삼각산을 배경으로 하여 북악을 경복궁의 주산으로 삼았다. 인왕산은 우백호가 되었고 낙산은 좌청룡이 되었다. 남산은 안산이 되었다. 이후 서울의 산은 조선시대의 영광부터 일제강점기의 굴욕을 거쳐 현대의 수난까지 산전수전을 고스란히 다 겪었다.

인왕산에서 바라본 서울의 진산 삼각산(북한산) 줄기.
맨 오른쪽 우뚝하게 솟은 봉우리가 보현봉이다.
보현봉에서 맥이 이어져 경복궁으로 내려온다.

## 삼각산, 백악산, 인왕산, 낙산, 남산

조선시대에 서울의 산은 최고의 영광에 달했다. 원님 덕에 나발 분다고 서울이 조선의 왕도가 되면서 삼각산북한산, 837m은 나라의 으뜸 산이 되었다. 조선 후기에 신경준은 나라의 열두 명산 중에 삼각산을 첫 번째로 두었다. "삼각산을 산의 머리로 삼은 것은 서울을 높인 것"이라고 했다. 백두산은 두 번째로 쳤다. 삼각산은 신라 때만 하더라도 소사小祀에 올랐던 산이었다. 그 산이 고려시대에 남경이 되는 덕에 국가의 손꼽히는 명산의 반열에 들더니, 조선조에 와서는 하루아침에 나라의 으뜸 산이 된 것이다. 삼각산은 나

인왕산에서 바라본 경복궁과 주변 모습.
조선시대에나 오늘날에나 한국 정치행정의
중심을 이루고 있는 곳이다.

라의 산천 제의로서는 가장 격이 높은 중사中祀로 올랐음도 『세종실록』 지리지에서 확인된다.

백악북악산, 342m은 또 어떤가. 한갓 이름도 없는 산봉우리에 지나지 않던 산이 조선왕조에 와서 국왕의 존엄을 상징하는 산으로 바뀌었다. 조선의 정궁인 경복궁은 백악으로 인해 지금의 위치에 자리 잡았고, 백악과 남산의 축선에 맞춰 궁궐이 배치되고 도시구조가 형성됐다. 백악은 조선 왕실에서 나무 한 그루 돌부리 하나라도 손대면 안 되는 지중하고도 신성한 산이었다. 나라의 작위까지 받았다. 태조 4년1395 12월, 백악산신을 진국백鎭國伯으로 봉하고 국

「도성도」(1788, 서울대 규장각 소장)에 회화적으로 표현된 삼각산의 모습.
백악산(경복궁)과 응봉(창덕궁) 뒤로
문수봉, 보현봉, 노적봉 등의 웅장한 모습이 뚜렷하다.
북한산성의 대성문도 표시되었다.

가의 제사를 받들었던 것이다.

인왕산338m과 낙산125m은 서울을 수호하라는 나라의 명을 받았다. 인왕산의 인왕仁王은 금강역사金剛力士로도 불리는 불교의 수호신이다. 경주 석굴암의 입구를 지키고 있는 인왕상을 떠올려보라. 힘센 근육질의 인왕 이미지는 인왕산의 울퉁불퉁한 바위 경관과 겹쳐 연상된다. 한양을 지키는 인왕의 신산神山인 것이다.

낙산駱山이라는 지명은 글자대로 낙타 등처럼 생겨서 이름 지어

서울의 랜드마크, 남산. 조선시대 이래 남산은
수도의 공간적 중심지에 위치하고 있었기 때문에
정치 · 사회 · 경제 · 문화적으로 중요한 영향을 미쳤다.
도시 공간의 축과 구조를 결정하는 데 큰 작용을 했다.

졌다는 설, 조선시대에 타락색駝酪色이라는 우유조달 관청이 있었던 데서 연유되었다는 설이 있으나, 낙가산落迦山의 준말일 가능성도 있다. 관음보살이 머무는 산인 것이다. 강원도 양양의 낙산사도 여기에서 유래되었고, 낙가산이라는 이름은 청주 상당구와 강화 석모도에도 있다. 한양의 동서를 받치고 있는 인왕산과 낙산은 조선 왕조의 오른팔 · 왼팔이 되었다. 서울의 좌청룡 우백호가 되었다. 관리들과 명문세가가 다투어 살고 싶어 하는 명소가 되었다.

남산의 영광을 보자. 높이가 262m에 불과해 나지막한 야산에 지나지 않았던 남산이, 역사의 무대에서 두각을 나타낸 즈음은 한양이 남경으로 승격된 고려 문종 21년1067으로 거슬러 올라간다. 조선시대에 남산은 수도 한양의 랜드마크이자 왕궁의 방어적 요충지로 또다시 격상했다. 봉수도 설치됐고 병영 시설도 들어섰다. 서울의 중심이기에 정치·사회·경제·문화적으로 막중한 공간이 되었다. 나라의 봉작을 받은 것은 북악과 마찬가지다. 태조 4년에 남산을 목멱대왕으로 국가에서 제사를 받들었던 것이다. 남산은 한성부의 공간구조를 결정하는 데도 큰 영향을 미쳤다. 남산을 기준으로 도성의 성안과 성 밖이 갈렸던 것이다.

나라의 몰락과 역사의 격랑은 서울의 산천에도 어두운 그림자로 덧씌워졌다. 일제강점기와 한국전쟁 때에는 굴욕과 수난의 산이 되었다. 삼각산에서 백악으로 내려오는 맥줄기는 거대한 조선총독부 건물로 차단되었다. 산의 정기로 살았던 조선 사람들에게 일제의 간교한 공간 정책은 숨통을 틀어막는 것과 다름없었다. 남산 자락에는 일본인들의 주거지가 들어찼다. 해방의 기쁨도 잠시, 한국전쟁으로 온 산천이 피로 물들고 두 동강까지 난 상처는 어찌 더 이상 말하리오. 수도에 집중된 근현대화 과정에서도, 개발의 장애물로 여겨졌던 서울의 산은 수난의 연속이었다.

그 결과 지금에 이른 서울의 산은 일부를 제외하곤 산이 아니다. 산이 산이려면 산으로서의 항상성이 유지되어야 한다. 그러려면 적정한 생태계 시스템도 기능하고 있어야 하고, 산줄기도 연결되고, 하천도 흘러야 한다. 산도 차지하는 자리가 있고, 영역이 필요하다.

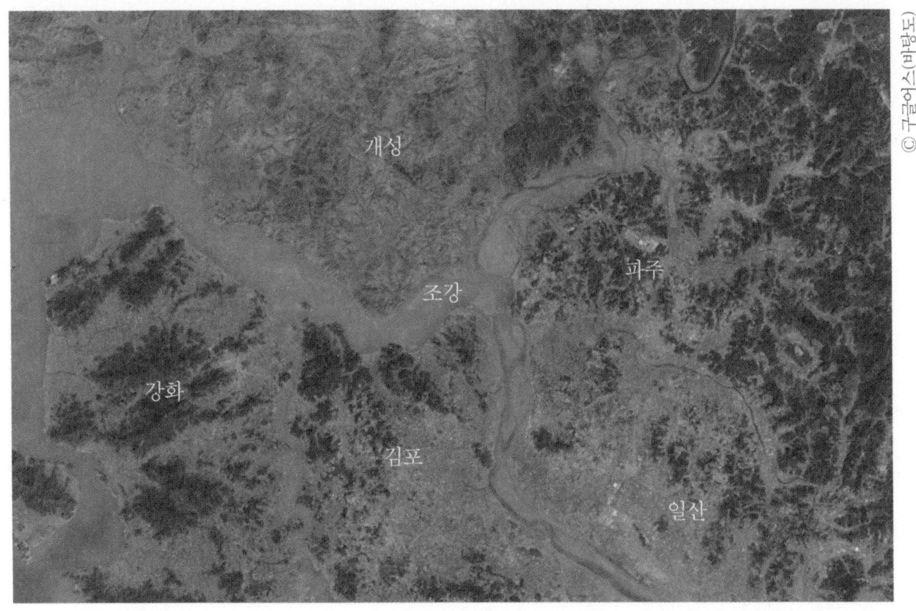



경기도 조강 유역의 위성사진.
서울의 한북정맥 산줄기와 개성의 임진북예성남정맥 산줄기가
이르러 도달하는 곳이다. 한강과 임진강이 만나고
예성강도 합류하여 서해로 흘러든다.
파주, 김포, 강화, 개풍군을 끼고 있는 구역이다.

거죽만 있는 나라가 나라가 아니듯이, 다 파먹히고 앙상하게 뼈대만 남은 산이 무슨 산인가? 산천도 사람을 감당할 수 있는 수용력이 있다. 서울은 천만 인구의 메트로폴리스로, 1km²당 1만 6,000명이 사는 밀도런던의 3배, 도쿄의 4배, 뉴욕의 8배의 과밀화된 도시다. 서울의 산천이 이런 서울의 규모를 지탱하기에는 너무도 힘겹다.

서울 산천의 미래는 어떻게 내다볼 수 있을까. 앞으로 최대의 역사적 사건이 될 통일을, 600년을 지탱해온 서울의 산천이 그대로 떠맡을 수 있을까.

## 새로운 시대의 산천 아이콘을 찾아서

다시 조선의 개국 세력들이 서울의 산천에서 무엇을 보고 새 왕조를 열 곳으로 결정했는지 되돌아보자. 그들은 한양 도성을 이루는 산의 넓은 국면과 함께, 한강의 가치와 가능성을 주목했다. 개성은 산간 분지라 산의 짜임새에서 도성의 국면이 좁고 하천 조건이 빈약했기 때문이다. 지역분권 호족체제에서 나아가 중앙집권 국가체제를 구축하기 위해서는 전국적인 공간 인프라가 확보되어야 했다. 이런 측면에서 조선의 신진사대부들은 한강의 가치와 가능성을 보았다. 강은 수자원이자 수상 운송과 교통의 기반으로, 서울의 한강은 한반도의 중부를 통할하는 유역의 지리적 거점이었기 때문이다.

서울의 북악과 한강에 이어, 이제는 남과 북이 합쳐 새천년의 앞날을 열 수 있는 산천 아이콘이 요청된다. 바로 파주에서 바라보이는 조강祖江이다. '할아비강', 이 얼마나 상징적인 이름인가. 조선시대에는 조강이라는 지명을 일반적으로 썼지만, 지금 지도나 지명에서 조강이라는 이름은 사라져버렸다.

거기엔 위로는 고려의 왕도 개성이 있고, 아래로는 단군의 강화도 마니산이 있다. 민족적 공감대를 마련할 조건이 돼 있는 것이다. 산천의 조건으로 보아도 여기에선 남북의 주요 산줄기와 물줄기가 한 몸으로 만난다. 산은, 서울의 백악을 이룬 한북정맥 산줄기와 개성의 송악을 이룬 임진북예성남정맥 산줄기가 이르러 도달하는 곳이다. 강은, 남녘의 한강과 북녘의 임진강이 만나고 예성강도 합류하여 서해로 흘러드는 유역이다. 세 강줄기가 거대한 삼태극의 형

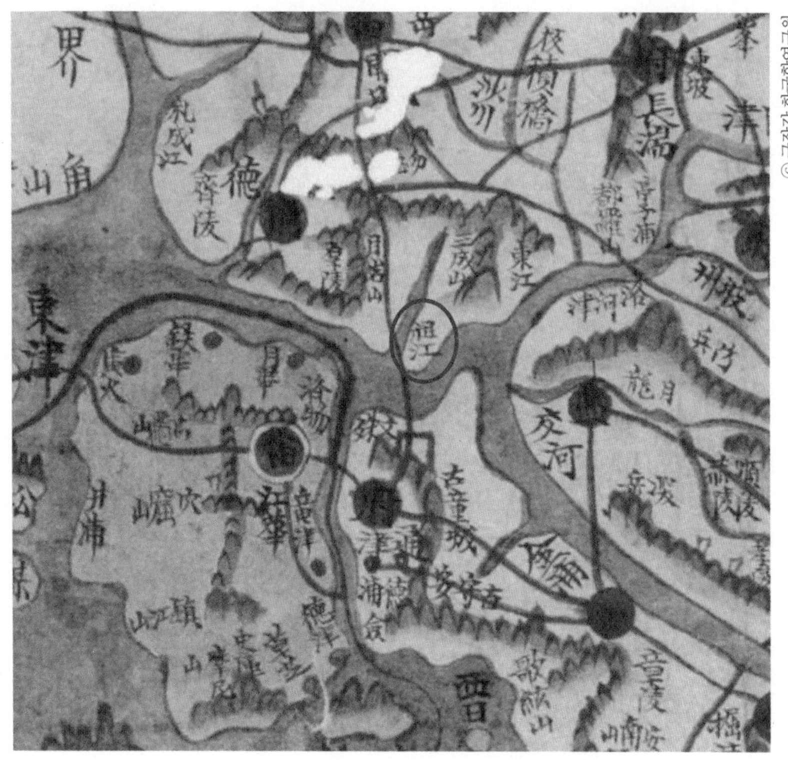



『여지도』에 표현된 조강 유역.
중앙에 조강(祖江)이라는 지명이 뚜렷하게 보인다.

상으로 휘돌며 역동하는 생명의 땅이다. 행정적으로 파주교하, 김포, 강화, 개풍군을 끼고 있는 구역이다. 한반도의 중심 위치에 있을 뿐 아니라, 강과 바다로 사통팔달하며, 중국 대륙으로 거침없이 진출하는 기지다.

신경준은 『산수고』에서 "하나의 근본이 만 갈래로 나뉜 것이 산이고, 만 갈래가 하나로 모인 것이 물水"이라고 했다. 할아비산인 백두산과 거기서 나뉜 국토의 대간과 정맥들이 다시 하나로 만난 곳이 바로 조강이다. 그래서 이제 어느 산인지는 중요하지 않다. 한반도 산줄기의 맥이 다다라 조강으로 무르녹았기 때문이다.

남북한의 사람들은 지척에 있어도 가로막혀 오도 가도 못하지만, 남북한의 산천은 조강으로 함께 만나 도도하게 흐르고 있다. 동아시아를 넘어 세계의 허브로 도약할 우리 산천에게 통일의 희망 메시지를 보내며.

# 세계유산과 한국의 산

## 산의 나라, 역사와 사람의 산

글로벌한 지구촌 사회에서 한국의 산은 이제 한국인만의 산이 아니라 인류의 산이다. 2014년 6월에 남한산성이 유네스코 세계유산으로 등재되었다. 산성 축성술과 계획적으로 조성된 살아 있는 산성도시라는 점에서 세계적 가치를 인정받았다. 이미 중부내륙 산성군과 서울의 한양 도성도 세계유산 잠정목록에 올랐고, 한양 도성은 2016년도에 등재신청서 제출 대상으로 확정됐다. 한성을 두르고 있는 북악산, 인왕산, 낙산, 남산의 산지 지형을 이용하여 조성한 도성 경관의 역사적 가치가 평가된 것이다.

산이 많은 우리는 산성의 나라라고 해도 지나친 말이 아니다. 전국에 무려 2,000여 개 넘게 분포하는 것으로 알려져 있으니 단위면적당 산성의 밀도가 세계적이라고 할 만하다. 이것만 보아도 한국의 산은 역사의 산, 사람의 산이라는 정체성이 뚜렷하다.

한국의 산으로 자연과 문화의 결합을 세계적 가치로 드러낼 수 있는 유산들은 비단 산성만이 아닐 것이다. 계단식논 같은 산지생활사의 산물도 있고, 수백 년을 유지해온 산촌마을 같은 공동체 주거 경관도 있다. 주민들이 산지에 적응하면서 발달시켜온 농업경

남한산성의 가을.
산성 축성술과 산성도시가 세계적 가치로 평가되면서,
2014년 6월에 유네스코 세계문화유산에 등재되었다.

관에는 토지이용을 지속가능하게 하는 전통적 기술이 집약되어 있다. 전래의 산촌 풍수문화 역시 산과 사람의 조화로운 미학을 보여주는 한국적 코드로 평가된다.

산악신앙도 있다. 산천제 의례는 동아시아에서도 한국이 가장 성했고, 지금도 진행되는 문화전통이다. 신라의 삼산오악 제의를 비롯해 고려와 조선에 걸쳐 왕실, 고을, 마을에서 전반적으로 이루어졌다. 매년 구례에서 행하는 지리산 남악제도 일제강점기 때 잠

한양 도성(인왕산 부분). 세계유산 잠정목록에 올랐고
2016년 신청 대상으로 확정됐다. 천만 서울의 대도시를 에워싼
북악산, 인왕산, 남산, 낙산의 둘레를 띠처럼 두르고 있는
산지 성곽의 역사 유산이다.

시 중단된 것 외에는 천 년을 이어온 산천 의례다. 마이산 산신제는 지역축제의 일환으로 최근에 다시 부활되었다. 중국만 하더라도 문화혁명을 거치면서 몇몇 소수민족 외에는 산악신앙이 퇴색했고, 일본은 개별적으로 잔존하고 있으나 신도神道문화 속에 수렴됐다.

우리는 삼천리금수강산이라는 자부심은 있지만 정작 세계유산으로 등재된 산은 아직 가지고 있지 않다. 세계문화유산으로서 '남한산성'도, 세계자연유산으로서 '제주도의 화산섬과 용암동굴'도

산이 지닌 역사적 · 자연적 가치에 중점을 둔 유산들이다. 중국만 하더라도 현재 열 개의 세계유산이 산 이름으로 명시됐다. 산 자체의 가치도 포함된 것이다. 태산을 비롯하여 황산, 무당산, 여산, 아미산, 무이산, 청성산, 삼청산, 오대산, 천산 등이 그렇다. 일본만 해도 산지 유산이 세 개 있다. '시라카미 산지'白山山地, '기이 산지의 영지와 참배길'과 함께 2013년에는 '후지 산, 성스런 장소와 예술적 영감의 원천'이라는 명칭으로 세계문화유산에 등재했다.

전 세계에서 산이나 산맥 이름으로 등재된 세계유산은 30개가 넘는다. '캐나디언 로키 산맥 공원1984'같이 주로 자연생태적 가치로 평가된 자연유산이 많고, 에스파냐의 '트라문타나 산맥의 문화경관2011'처럼 자연과 문화가 복합된 문화경관 유산도 있다. 그리스의 '아토스 산1988'처럼 종교적 · 정신적 장소성이 평가된 성산聖山이나 영산靈山 유산도 몇몇 있다. 각 나라의 이러한 등재 성과는 산이 지닌 자연적 · 문화적 가치를 세계유산으로 발굴한 국가의 적극적인 뒷받침과 함께, 지방자치단체의 주체적인 노력이 있었기에 가능했다. 우리의 실상은 어떨까?

2011년 지리산 세계유산 추진 과정에서 겪었던 일이다. 문화재청 연구용역으로 지리산권지자체를 순회하며 학술대회를 개최할 때였다. 대회장에는 많은 사람이 관심을 가지고 모였다. 그런데 회의장 벽면에는 보란 듯이 '우리 모두의 염원, 지리산 케이블카 설치'라는 큰 현수막이 걸려 있었다. 지리산을 세계유산으로 추진하는 일은 도무지 안중에 없는 것이다. 지금도 지리산권역의 4개 시 · 군은 케이블카 유치에 경쟁적으로 매진하고 있다. 지리산 유네스코 생물권보전지역도 이미 2013년에 신청서 작성을 마쳤지만, 정작 해당 지방자치단체에서 수용하지 않아 신청 자체가 중단 상태에 있다. 단기적인 이득 때문에 멀리 내다보지 못하는 좁은 안목이 안타깝다.

유네스코 세계유산의 등재 흐름에도 변화가 감지된다. 1975년에 유산 등재가 시작되어 지금까지 40년을 거쳐오는 동안, 공간적으로 보면 개별 유산의 점 단위에서 지구地區나 경관의 면 단위로 확대되었다. 유산 자체뿐만 아니라 주변 환경과 시설물 모두를 대상으로 취급하는 것이다.

유산의 비물질적이고 정신적인 요소도 함께 중시되면서 현재 사람이 살고 있는 유산의 중요성이 높아지는 경향도 보인다. 유산 소재지의 장소적 연관성과 특징, 장소적 가치와 정신의 의미가 갖는 비중도 커졌다. 이렇게 변화된 상황에서, 한국 산악문화의 역사성과 전통적 산지생활문화는 앞으로 중요하게 평가될 것이다.

이웃 일본의 예로, 기이 산지의 영지와 참배길은 2004년에 세계문화유산이 됐다. 산의 신성성에 대한 종교적 결합과 문화적 인식, 그리고 성지를 거치는 문화 루트의 순례길이 세계유산으로 인정받은 사례다. 이 유산의 공간적 범위는 나라와 교토의 남쪽으로 미에, 나라, 와카야마 현에 걸쳐 있으며, 와카야마 현의 고야 산高野山 지역이 중심지다. 여기에는 수많은 사당, 절, 신사가 밀집해 절과 절, 절과 신사를 잇는 산길이 끊임없이 계속된다. 매년 1,500만 명이 의례와 신앙, 산행의 목적으로 방문하는 문화전통을 지닌 곳이다. 일본에는 슈겐도修驗道라는 독특한 산악수련문화가 있는데, 기

금강굴에서 바라본 천불동계곡.
마치 천 명의 부처가 기립하고 있는 듯한 모습이다.
'별유천지비인간'이라는 옛말이 실감날 정도로 빼어난 승경을 지닌
국가 명승으로서, 유네스코 생물권보전지역이자 핵심보전지역이다.

이 산지의 참배길을 걷다 보면 지금도 흰옷을 입고 순례하는 슈겐도 사람들을 만날 수 있다.

사람의 산에는 길이 있었다. 근래 들어 한국에서도 제주도 올레길을 비롯하여 지리산 둘레길과 같은 걷는 길 문화가 전국적으로 늘었다. 지리산부터 땅끝까지 연결하는 길도, 서울 외곽으로 전체를 잇는 둘레길도 생길 계획이라 한다. 1998년에 문화 루트로서 세계유산이 된 프랑스의 '콤포스텔라의 산티아고 길'은 한국 사람들에게 이미 유명하다.

한국에도 꼽힐 만한 옛길 유산이 있다. 조선시대의 1번 국도라고 할 만한 영남대로도 그렇고, 조선 후기에는 한양에서 지방으로 가는 대로大路 아홉 개 노선이 산과 고개를 넘어 이어졌었다. 이런 역사의 길도 유행처럼 번지고 있는 길 문화의 조성과 함께, 산의 세계유산과 연계될 수 있을 것이다.

인문적 세계유산의 가치로 온당히 평가되기를

조선시대 선비들의 유산遊山 길도 문화의 길로서 주목된다. 산과 유학사상, 산과 유교문화가 정신적으로 연계된 문화 루트라는 점에서 의의가 있다. 산길의 인문학인 셈이다. 산의 유람을 통해서 도덕적 내면을 비춘 성찰의 길이라는 캐릭터는, 기존에 세계유산으로 등재된 문화 루트와는 차별되는 점이다.

조선시대 지식인들은 금강산과 지리산을 비롯하여, 설악산·속리산 등 주요 명산을 유람한 후 글을 남겼고, 그 흔적은 족히 천 편은 넘을 유산기와 수천 편에 이르는 유산시로 지금까지 남아 우리

제주도의 세계중요농업유산, 밭담.
돌과 바람이 많은 제주도의 주민들이 바람을 막아 토양유실을 막고
토지생산성을 높이는 지혜로운 농업방식의 경관이다.
평생을 일구며 일하던 밭에 영원의 안식처까지 만들어
돌담으로 조성하고 깃든 모습이 아련하고 정겹다.

에게 전해진다. 지리산만 해도 500년의 시간 범위에 걸쳐 있는 100여 편의 유람록이 발굴되었고 번역됐다. 한국의 유산기와 유산시를 함께 묶으면 세계적인 산악트레킹 기록유산이 될 수 있는 가치도 충분하다.

세계적 브랜드는 사실 유네스코 세계유산뿐만 아니라 생물권보전지역, 세계중요농업유산 등도 있다. 한국의 등재 상황을 산 유산을 중심으로 살펴보자. 설악산은 이미 1982년에 우리나라에서 가장 일찍 생물권보전지역으로 등재됐다. 2002년에 지정된 제주도 역시 한라산 범위를 포괄한다.

명산을 생물권보전지역으로 등재하려는 관심도는 우리보다 북한 정부에서 더 높은 것 같다. 일찍이 백두산1989을 지정하더니 연이어서 구월산2004, 묘향산2009과 2014년에는 칠보산을 등재했다. 우리도 질세라 세계식량농업기구FAO에서 주관하는 세계중요농업유산으로 청산도의 구들장논과 제주도의 밭담이 2014년에 등재되었다. 지리산지의 논둑과 벼농사 경관도 역사적 · 생활사적 가치가 커서 향후에 고려할 만한 유산 대상으로 보인다.

한국의 산이 역사의 산, 문화의 산으로서 세계적 브랜드를 얻고 널리 알려지면 산악관광과 등산문화의 패턴에도 영향을 줄 것이다. 문화역사관광이나 인문적 유산遊山이라는 지평을 대외적으로 제시할 수 있다. 한국적 정체성이 뚜렷한 산악문화를 외국 사람들은 보고 싶을 것이다. 서구에 없는 산신만 해도 그렇다. 산에 사람 얼굴을 하고 있는 신이 있고, 지금도 서민들에게 신앙의 대상이 되는 살아 있는 문화라는 자체가 흥미로운 것이다. 산지에서 수백 년 동안 지속가능한 삶을 살았던 선조들의 문화생태적인 산지생활사도 그렇다. 우리에게 사람이 사는 곳엔 언제나 산이 있었다.

한국의 산에는 역사문화 콘텐츠가 널려 있다. 사람과 산이 역사적으로 어우러진 이미지는 세계에 보여줄 수 있는 한국적 특색으로서 산악문화관광 콘셉트로도 손색이 없다.

우리에게 산은 저 멀리 하늘에 닿을 듯 솟아 있는 신성불가침의 영역만도, 진귀한 동식물이 있어 자연생태 그대로 보존해야 할 구역만도 아니었다. 산과 살을 섞고 정 붙이며 더불어 살아왔던 생활 문화의 터전이었다. 사람은 산을 닮고 산은 사람을 닮은, 어머니와 자식과의 관계 같은 것이었다. 이런 한국의 산과 산악문화가 새로운 인문적 세계유산의 가치로 온당히 평가되어 지구촌의 인류에게 소중히 간직될 수 있기를 바란다. 삶의 토대요 생명의 근원이자 영혼의 고향인 어머니산으로서 말이다.

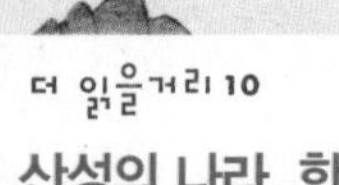

더 읽을거리 10

## 산성의 나라, 한국

한국은 산성의 나라다. 전국에 무려 2,000여 개의 산성이 분포하고 있는 것으로 알려져 있다. 단위면적당 밀도가 가히 세계적이라고 할 만하다.

성은 행정적 위계에 따라 왕성궁성과 읍성으로 나뉘고, 지형적 위치에 따라 평지성, 산기슭성, 구릉지성, 산성으로 나뉜다. 축성된 형태에 따라 테뫼식산 능선을 중심으로 주위 둘레를 띠처럼 축성과 포곡식산골짜기를 포함하여 넓은 면적으로 축성으로 구분된다. 축성 재료에 따라서는 석성과 토성 등으로 분류된다.

산성의 주요 기능은 군사적 방어다. 높은 곳에 있어 적의 동태를 쉽게 조망해 파악할 수 있고, 요새지에 있어 전술적으로도 장점을 갖추고 있다. 고대의 산성은 군사적 기능과 행정적 중심지 기능도 겸했기에 교통로가 집중되고 주변의 넓은 평야를 장악할 수 있는 지점에 입지하였다. 근대로 가면서 행정적 중심지는 구릉지나 평지로 이동하고, 산성은 유사시를 대비하는 성곽으로 비중과 기능이 축소되었다. 고대에는 고조선의 환도산성 등과 같이 수도 역시 산성이었으나, 조선시대에 와서는 일부 지방 중심지의 읍성이 산성일 뿐, 도성의 경우에는 주로 평지나 산기슭 또는 구릉지에 입지했다.

한반도에서 성곽이 생긴 시기는 청동기시대로 알려져 있다. 부족간 분쟁 과정에서 방어를 위해 구릉지에 도랑해자을 판다거나 목책이나 토담을 두르는 시설을 했다. 기록에서 최초로 나타나는 성은 고조선의 왕검성이다. 삼국시대에는 가장 많은 산성이 축성되는 시기로서, 전국의 산성 중 3분의 2 이상이 이 시기에 만들어졌다. 산성을 거점으로 하는 정치적 세력의 전략적 위치와 전투 방식 때문이다.

산성의 기능과 역할도 시대에 따라 조금씩 다른 속성과 양상을 보인다. 통일신라시대에는 유사시에 산성으로 들어가서 적과 대치하였다. 고려시대에 와서는 거란과 몽골의 침입에 대비하여 장기간의 항전에 유리한 대규모 산성의 축조가 이루어졌다. 조선시대에는 읍성邑城을 만들고 인근에 산성을 운용했다. 그리고 국경과 해안의 요소마다 진보鎭堡를 설치했다. 해안 산지에 설치된 진보는 창궐했던 왜구들의 침탈을 막기 위함이었다.

일본에도 수많은 산성이 있다. 큐슈 지역의 고대 산성은 한국 산성과 같은 축성 형태를 나타낸다. 큐슈에서는 일찍이 3세기부터 산성이 축성되기 시작했으며, 7세기에는 한국의 축성법이 전래되었다고 한다. 한국식 산성은 오카야마岡山 부근에도 여러 개가 분포한다.

일반적인 일본의 산성을 보면, 성안은 영주가 거주하여 지배권력의 거주지가 되는 좁은 규모다. 성의 가장 높은 곳에는 천수각天守閣이라는 상징적 건물이 들어선다. 성을 중심으로 해자를 파 적의 침입을 막고 외곽에는 가신과 상인, 공인, 노동자 등이 거주하여 도회를 형성하는 조카마치城下町가 형성되기도 했다.

그러나 한국의 산성은 긴 항전에 유리하도록 규모가 큰 편이며, 자연지형을 십분 활용한다. 그렇기 때문에 한국의 산성은 독특하고 다양한 산지 지형의 특징이 잘 반영되어 있다고 볼 수 있다. 산을 등지고 들어서는 취락의 입지적 성격도 뚜렷하다. 문화역사경관으로서 산성은 요즘 들어 지역적 특성을 살리고 있으면서도 인류보편적인 가치를

유네스코 세계유산 등재를 기다리는 서울 한양 도성

가진 글로컬한 유산으로 인정받고 있다.

2014년에 남한산성이 유네스코 세계유산으로 등재된 것도 그러한 탁월한 보편적 가치를 평가받았기 때문이다. 병자호란 당시 인조가 피신했던 남한산성은 유네스코에서 "동아시아 도시계획과 축성술

ⓒ 문화재청

이 상호 교류한 증거로서의 군사유산이자 지형을 이용한 축성술과 방어전술의 시대별 층위가 결집된 초대형 포곡식 산성"으로 평가됐다. 2012년 세계유산 잠정 목록에 올라간 서울 한양 도성 역시 세계유산으로 인정받는 그날이 기다려진다.

더 읽을거리 11

## 그린벨트와 산림 관리의 원형, 금산과 봉산

오늘날 도심지의 그린벨트 또는 산지 보전 및 산림 관리에 해당하는 조선시대의 정책으로 금산禁山과 봉산封山 제도가 있었다.

금산 제도의 기원은 조선 초기부터 비롯된다. 한양의 궁궐을 중심으로 하여 사방의 산백악산, 남산, 인왕산, 낙산의 지맥을 보전하기 위하여 채석이나 벌목을 하지 못하게 했고, 집을 짓거나 무덤 들이는 것을 금했다.

한양 도성 주변의 산지 관리는 세종조부터 본격적으로 시행된다. 도성의 주맥主脈에 대한 보토補土, 소나무 심기, 나무 베기나 돌 캐기 금지 등으로 실행되었다. 이어서 세조 9년1463에는 백두산에서부터 한양의 북악에 이르는 주맥 모두에 대해 돌 캐는 일을 금하도록 했다. 금산 제도는 왕성의 지맥 보호 및 산지 보전에 주요한 목적이 있었다. 오늘날 서울의 그린벨트와도 같은 것이다.

금산 제도는 조선 중·후기를 지나면서 경제적·실용적인 목재 공급을 위한 봉산 제도로 전환되어 시행된다. 조선의 조정에서는 궁실의 건축, 선박의 건조, 관곽과 신주의 조성 등 목재의 쓰임새가 매우 다양하였기에 산림 관리와 정책도 중요했다.

봉산은 조선 후기에 중요하게 지정, 관리되었다.이기봉, 「조선 후기 봉산의 등장 배경과 그 분포」(2002) 참조. 임진왜란과 병자호란의 사회적 혼란으로 중앙정부의 지방 산림에 대한 관리와 통제력이 약화되어, 산림 제도를 새로이 정비할 필요를 느낀 것이다. 민간에서도 목재의 수요가 증가하였기에, 17세기 후반의 숙종 때부터 조정은 산림에 대한 관리 정책을 더욱 강화해야 했다.

경북 일대와 강원도에서는 황장산이라는 이름의 산이 다수 나타난다. 문경시 동로면에는 황정산1,077m이 있고, 명전리 옥수동의 논 가운데에는 봉산이라고 쓰여진 석표지방문화재자료 제227호가 있다. 황정산의 정확한 명칭은 황장산黃腸山이다. 황장은 속이 황색을 띤 재질이 단단하고 좋은 소나무 목재를 이르는 말이다. 황장목은 왕실에서 관을 만들거나 능실陵室을 축조하는 데 쓰였고, 선박의 건조나 건축 용재로도 활용되었다. 조정에서는 황장목을 확보하기 위해 특정한 산을 황장봉산으로 지정하여 엄격히 관리했다. 일반인의 출입을 금하려 경계 표식도 세웠으니 그것이 황장 금표다.

봉산은 선박 축조와 건축에 필요한 소나무를 공급하기 위한 목적으로 지정된 것이 많았다. 이러한 봉산을 봉송산封松山, 의송산宜松山, 송전松田 또는 송산松山이라고 했다. 봉산의 분포지는 경상도를 제외하고는 모두 해안가에 위치했다. 그 밖에도 율목봉산栗木封山, 진목봉산眞木封山, 삼산蔘山, 향탄산香炭山 등이 있었다. 율목봉산은 영조 21년1745에 처음 하동과 구례에 지정되었다. 밤나무 용재를 생산했는데, 신주神主와 신주를 담는 그릇을 만드는 데 썼다. 진목봉산은 배를 만드는 상수리 나무가 나는 곳으로 경남 고성에 지정되었다.

기타 주요 임산물의 산출지를 봉산하기도 했다. 강원도 평창군 가리왕산은 산삼 확보를 위하여 삼산으로 지정되었고, 대구 팔공산은 제사에 쓰이는 향나무를 재배하기 위해 향탄산으로 지정·관리되었다.

봉산의 분포지는 대부분 도서나 해안가에 밀집하고 있다. 이는 봉산의 용도가 배를 만드는 데 필요한 소나무를 확보하는 데 있었고, 물길을 이용해야 운반·수송에 유리했기 때문이다.

# 사람 사는 곳엔 언제나 산이 있다

저자후기

작년에 『사람의 산 우리 산의 인문학』을 출간한 후 사회적으로 과분한 반응과 평가를 받았다. 2014년 세종도서 교양 부문에 선정되는 기쁨도 있었다. 다만 지은이로서는 책이 너무 두껍고 글의 호흡이 긴 데다 내용이 딱딱해 대중들에게 쉽게 다가갈 수 없다는 것이 못내 아쉬웠다. 그래서 출간 직후에 각각의 산을 현장 위주로 녹여내, 대중에게 다가가기에 편한 내용으로 골라 쓴 결실이 바로 이 책이다. 때마침 경향신문에서 연재 의뢰가 들어와, 나의 결심을 미루지 않을 동기가 되어 주었다.

신문에 연재하던 6개월 동안, 선승이 오롯하게 화두를 들듯이 '우리에게 산은 무엇인가' 하는 문제에 집중했던 기억이 새롭다. 오매불망하다 보니 저절로 새벽에 잠에서 깨어 글을 썼다. '사람들과 우리 산을 어떻게 만나게 해줄 것인지'만 생각하고 또 생각했다. 기쁘게 글을 썼다. 태백산과 마니산을 쓸 때는 두 산의 처지에 마음이 울컥해져 나도 모르게 눈시울이 적셔지기도 했다. 비봉산 부분의 마지막 구절은 세월호 희생자들에게 바치는 것이었다. 차마 어찌할 수 없는 나의 눈물겨운 헌사였다. 책의 출판을 준비하면서 지면의 제약으로 자세히 설명하지 못하고 넘어가거나 미처 다루지 못한 부분들도 새로 보완했다.

책을 집필하면서 산에 대한 인문학적 상상력이나 생각도 많이 진전됐다. 산과 우리 겨레 사이에 맺은 관계는 네 가지 키워드, 즉 산천유전자 · 신산불이 · 산천무의식 · 산천메모리로 요약할 수 있었다. 덴마크 사람들이 행복유전자를 지녔다면 우리는 산천유전자를 지녔을 것이다. 신토불이는 어쩐지 중국 냄새가 나니 우리는 신산불이身山不二일 것이다. 우리네 원형적인 공간의식은 산천무의식이 자리 잡고 있음이 분명하다. 우리와 산천의 관계는 모든 정보를 저장하는 거대한 메모리에 접속된 그 무엇이다. 그래서 산이 국토의 70%가 되는 것 이상으로, 우리네 마음속에는 더 크게 산이 자리 잡고 있음을 확인했다.

나는 근대적 학문인 지리학과 전통지리학인 풍수를 손바닥의 양면처럼 전공한 학자다. 『사람의 산 우리 산의 인문학』을 출간하고 나서, 비로소 연구대상으로 산을 얻은 느낌이 든다. 이제 나에게 풍수는 산의 이론이요, 산은 풍수의 현장인 것이다. 한국의 풍수적 정체성은 중국처럼 '땅의 풍수'地理이기보다는 '산의 풍수'山理라는 확신도 들었다. 이제 본격적으로 우리 선조들이 그랬던 것처럼, 풍수를 우리 산천을 이해하기 위한 해석의 틀과 논리로 활용할 수 있겠다는 자신도 생겼다.

책을 출간한 후에 구체적인 성과도 있었다. 경상대학교에 '명산문화연구센터'가 설립되고 센터장으로서 운영책임도 맡았다. 『Mountains & Humanities』라는 영문학술지를 지리산권문화연구

단에서 창간하고, 편집장으로 기여하게 됐다. 꿈에 그리던 '우리 산 연구소'의 창립에 노둣돌이 놓인 것이다. 앞으로 연구할 방향도 확실해졌다. 겨레와 산이 함께 진화해온 과정과 상생할 미래를 인문적·문화생태적으로 밝히는 작업이다. 산같이 어질고 듬직한 사람들山家을 만나 그 큰 수레를 함께 짊어지고 나가고 싶다.

글자리를 마련해주신 한윤정 선생님, 책의 예술가 김언호 사장님 그리고 이지은 님께 이 자리를 빌려 감사드린다.

2015년 소쩍새 산울음 듣는 새벽에

최원석